U0123614

陈俊愉院士学术思想研究

《陈俊愉院士学术思想研究》编委会 编

张启翔　李庆卫 主编

中国林业出版社

图书在版编目（CIP）数据

陈俊愉院士学术思想研究 /《陈俊愉院士学术思想研究》编委会编；张启翔，李庆卫主编．— 北京：中国林业出版社，2022.10

ISBN 978-7-5219-1848-9

Ⅰ．①陈… Ⅱ．①陈… ②张… ③李… Ⅲ．①园艺－研究 Ⅳ．① S6

中国版本图书馆 CIP 数据核字（2022）第 158804 号

策划编辑：杜　娟　杨长峰

责任编辑：杜　娟　樊　菲　李　顺

电　　话：（010）83143553

出版发行　中国林业出版社

（100009　北京市西城区刘海胡同 7 号）

书籍设计　北京美光设计制版有限公司

印　　刷　北京富诚彩色印刷有限公司

版　　次　2022 年 10 月第 1 版

印　　次　2022 年 10 月第 1 次印刷

开　　本　710mm × 1000mm　1/16

印　　张　11.25

字　　数　230 千字

定　　价　98.00 元

出版说明

北京林业大学自1952年建校以来，已走过70年的辉煌历程。七十年栉风沐雨，砥砺奋进，学校始终与国家同呼吸、共命运，瞄准国家重大战略需求，全力支撑服务“国之大者”，始终牢记和践行为党育人、为国育才的初心使命，勇担“替河山装成锦绣、把国土绘成丹青”重任，描绘出一幅兴学报国、艰苦创业的绚丽画卷，为我国生态文明建设和林草事业高质量发展作出了卓越贡献。

先辈开启学脉，后辈初心不改。建校70年以来，北京林业大学先后为我国林草事业培养了20余万名优秀人才，其中包括以16名院士为杰出代表的大师级人物。他们具有坚定的理想信念，强烈的爱国情怀，理论功底深厚，专业知识扎实，善于发现科学问题并引领科学发展，勇于承担国家重大工程、重大科学任务，在我国林草事业发展的关键时间节点都发挥了重要作用，为实现我国林草科技重大创新、引领生态文明建设贡献了毕生心血。

为了全面、系统地总结以院士为代表的大师级人物的学术思想，把他们的科学思想、育人理念和创新技术记录下来、传承下去，为我国林草事业积累精神财富，为全面推动林草事业高质量发展提供有益借鉴，北京林业大学党委研究决定，在校庆70周年到来之际，成立《北京林业大学学术思想文库》编委会，组织编写体现我校学术思想内涵和特色的系列丛书，更好地传承大师的根和脉。

以习近平同志为核心的党中央以前所未有的力度抓生态文明建设，大力推进生态文明理论创新、实践创新、制度创新，创立了习近平生态文明思想，美丽中国建设迈出重大步伐，我国生态环境保护发生历史性、转折性、全局性变化。星光不负赶路人，江河眷顾奋楫者。站在新的历史方位上，以文库的形式出版学术思想著作，具有重大的理论现实意义和实践历史意义。大师即成就、大师即经验、大师即精神、大师即文化，大师是我校事业发展的宝贵财富，他们的成长历程反映了我校扎根中国大地办大学的发展轨迹，文库记载了他们从科研到管理、从思想到精神、从潜心治学到立德树人的生动案例。文库力求做到真实、客观、全面、生动地反映大师们的学术成就、科技成果、思想品格和育人理念，彰显大师学术思想精髓，有助于一代代林草人薪火相传。文库的出版对于培养林草人才、助推林草事业、铸造林草行业新的辉煌成就，将发挥“成就展示、铸魂育人、文化传承、学脉赓续”的良好效果。

文库是校史编撰重要组成部分，同时也是一个开放的学术平台，它将随着理论和实践的发展而不断丰富完善，增添新思想、新成员。它的出版必将大力弘扬“植绿报国”的北林精神，吸引更多的后辈热爱林草事业、投身林草事业、奉献林草事业，为建设扎根中国大地的世界一流林业大学接续奋斗，在实现第二个百年奋斗目标的伟大征程中作出更大贡献！

《北京林业大学学术思想文库》编委会

2022年9月

前 言

2012年5月31日，已经95岁高龄的陈俊愉院士让停在他家楼下的救护车再等30分钟，他要把《菊花起源》最后几个字写完。陈院士完成了他最后一部书稿才上了救护车，离开了他工作生活地——北京林业大学梅菊斋，到了北京301医院住院就诊。2012年6月8日，陈俊愉院士永远地离开了他钟爱的园林花卉事业。陈院士为我国的园林花卉事业工作了一辈子，他一生系统地调查、整理、收集中国梅花种质资源，建立了我国第一个梅花品种资源圃；编著世界最权威的《中国梅花品种图志》《中国花经》；开创了我国观赏园艺学科，主编《中国农业百科全书·观赏园艺卷》；探明了中国菊花起源；创立了花卉品种二元分类法，出版了《中国花卉品种分类学》，形成了花卉品种分类的中国学派；首开中国栽培植物国际登录之先河，成为梅品种国际登录权威；开创了中国名花抗性育种的新方向，培育了梅花、地被菊、月季、金花茶等花卉新品种80余个；作为我国第一个园林植物与观赏园艺专业的博士生导师并担任北京林业大学园林系系主任多年，培养了无数园林人才。他培育的抗寒梅花成为2022年冬奥会的一道靓丽风景，培育的花卉品种、培养的园林人才为美丽中国建设发挥着重要作用。

2022年，我国将喜迎中国共产党第二十次全国代表大会的召开，10月16日是北京林业大学建校七十周年、9月21日是陈俊愉院士105周年诞辰，为迎接党的二十大胜利召开，办好高等教育，在北京林业大学党委统一领导部署下，园林学院组织编写了这部《陈俊愉院士学术思想研究》，旨在纪念陈俊愉院士——我国杰出的园林教育家、园林学家、花卉专家，中国观赏园艺学科的开创者和奠基人，中国工程院资深院士，北京林业大学园林学院教授。学习他严于律己、与人为善的高尚品德，将爱国主义教育贯彻到教学、科研中的课程思政方法，“抓住重点，锲而不舍，千方百计，百折不挠，持之以恒，必有大得”的追求，凝练其学术思想，启迪和激励一代又一代园林人为祖国园林花卉事业的繁荣昌盛而奋斗。

全书共分为4章。第一章全面回顾了陈俊愉院士学术思想萌芽、发展历程和最终形成，扼要介绍了他在南梅北移、探寻菊花起源、花卉育种和花卉品种登录等方面的学术成就。第二章详细阐述了陈俊愉院士在我国花卉育种体系、观赏植物品种二元分类、中国栽培植物品种国际登录和大地园林化等方面的成就和贡献。第三章详细总结了陈俊愉院士的教育思想，包括他的教育观、人才观、教学观、质量观、价值观和育人观。第四章系统回顾了陈俊愉院士学术思想的影响，他是首届中国观赏园艺终身成就奖、首届中国风景园林学会终身成就奖、首届中国梅花蜡梅终身成就奖的获得者，为我国园林花卉事业作出了杰出的贡献。

本书的编写深得北京林业大学党委的高度重视，北京林业大学党委常委、副校长李雄教授、张志强教授多次主持召开专题工作会议，研究审定本书的编写大纲、指导把控编写进度，北京林业大学园林学院李亚军书记、郑曦院长、周春光副院长、罗乐副院长等领导非常重视和持续关注本书的编写工作。本书在大纲编写、学术思想凝练及文字撰写过程中，深得北京林业大学苏雪痕教授、张启翔教授、李庆卫教授、戴思兰教授、成仿云教授、李铁铮教授，华中农业大学党委书记高翅教授以及包满珠教授、王彩云教授，中国农业大学刘青林教授，清华大学李树华教授，浙江农林大学包志毅教授、金荷仙教授，西南林业大学陈龙清教授，北京市园林科学研究院赵世伟教授级高级工程师，中国城市建设研究院城乡生态文明研究院院长王香春教授级高级工程师，中国风景园林学会原副理事长刘秀晨，美国农业部普渡大学作物生产与保护研究所马燕博士，中国花卉协会牡丹芍药分会副会长李嘉珏教授级高级工程师，中国科学院武汉植物园黄国振研究员，宁波园林绿化中心主任王彭伟，国家植物园崔娇鹏教授级高级工程师，烟台大学姜良宝博士，陈俊愉院士夫人杨乃琴、儿子陈秀中、外孙女陈瑞丹，以及行业领导、相关素材提供者的支持和帮助。感谢北京林业大学党委的支持，北京林业大学科技处和园林学院的帮助。本书出版过程中，中国林业出版社付出了大量工作。付梓之前，再次向以上单位和个人致以崇高的敬意和衷心的感谢！

由于时间仓促，编写者水平有限，对陈俊愉院士有关学术思想总结凝练不准确、不全面之处，对我国新发展阶段园林花卉事业的指导和启发意义阐述不够之处，还请广大读者见谅！

《陈俊愉院士学术思想研究》编委会

2022年9月12日

目　录

第二章 冰雪红梅绽：学术思想美中华

第三章 他在丛中笑：教育思想育英才

第四章 清气满乾坤：学术思想广影响

图 录

第一章

香自苦寒来：学术思想之形成

第一节

金陵求学，巴蜀记梅

一、家庭熏陶，园艺夙愿

陈俊愉祖籍在安徽，1917年9月21日出生在天津的一个封建官宦家庭，是60多人大家族的长房、长曾孙（图1-1、图1-2）。曾祖父曾任新疆布政使。他5岁时，在天津为官多年的祖父带家人南迁南京，购置家业。新家院落内除了楼堂廊榭外，还有一个10亩[1]大的花园，这成为他儿时的主要活动场所。陈俊愉放学回家常到花园玩耍，围着花匠问东问西，学着栽花种草。久而久之，他对园艺的兴趣逐渐产生并日益浓厚，进而萌生在花卉学方向上求学深造的想法。

二、南京求学，知行初现

1935年8月，陈俊愉考入金陵大学园艺系（图1-3、图1-4）。这所私

图 1-1　1929 年，陈俊愉从南京小学毕业

图 1-2　2008 年，陈俊愉曾两次寻找自己的出生地——天津市花园路 1 号（杨乃琴 供图）

1　1亩=1/15hm^2，下同。

图 1-3 1939 年，陈俊愉在金陵大学毕业前夕

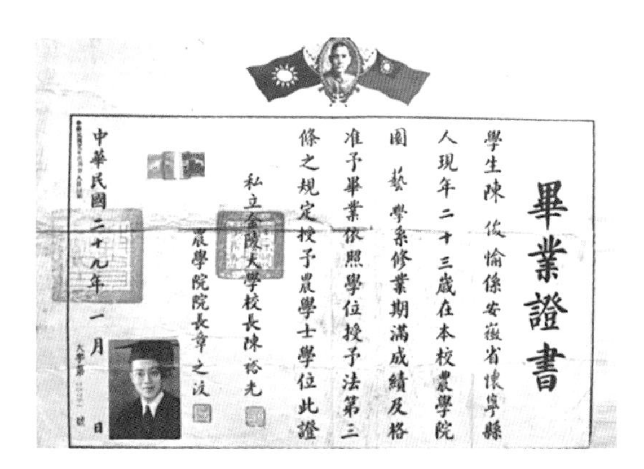

畢業證書

學生陳俊愉係安徽省懷寧縣人現年二十三歲在本校農學院園藝學系修業期滿成績及格准予畢業依照學位授予法第三條之規定授予農學士學位此證

私立金陵大學校長陳裕光

農學院院長章之汶

中華民國二十九年一月　日

图 1-4 1940 年，陈俊愉在金陵大学获得的毕业证书

立的教会大学因学费高昂，因此学生甚少，班里只有两名学生，教师倒有四五位，其中一位教师就是中华人民共和国成立后当选为中国工程院院士的汪菊渊。抗日战争爆发后，金陵大学西迁成都。在唐代即得“晓看红湿处，花重锦官城”赞誉的成都，早春怒放的梅花一下就吸引了陈俊愉的目光。1942年，《中国园艺专刊》刊载国立中央大学曾勉教授的文章*Maihua*：*National Flower of China*（《中国的国花——梅花》），陈述了作者对重庆20多个梅花品种的考证。陈俊愉得到专刊后，反复研读曾教授的文章，深为梅花独有的品性和文化内涵所动，从此与梅花结下为之所苦、因之而荣的不解之缘。

图 1-5 1947 年，陈俊愉出版了《巴山蜀水记梅花》

三、师从名师，巴蜀探梅

1941年，陈俊愉考取了金陵大学园艺研究部的硕士研究生，师从章文才教授，从事柑橘分类研究。1943年开始，陈俊愉随汪菊渊在四川调查梅花品种。“当年走马锦城西，曾为梅花醉似泥”，吟诵着陆游的名句，风华正茂的他起早贪黑，走遍了巴山蜀水。调查工作持续了5年，师徒二人在重庆、江津等地发现了六七种梅花奇品。1946年，陈俊愉被聘为复旦大学副教授。1947年，他出版了用文言文写的研究著作《巴山蜀水记梅花》（图1-5），填补了我国近代梅花研究的空白。

陈俊愉研究梅花的69年，记录了中国梅花研究的足迹，也是中国梅花事业发展的一个缩影。陈俊愉为何未坚持硕士论文相关的柑橘研究，而转向兼职的梅花研究，是一个值得探讨的重要问题。在南京宅第大花园的成长经历和耳濡目染让陈俊愉对梅花产生了深厚的兴趣，肯定是主要原因。孔子曾说："知之者不如好之者，好之者不如乐之者。""乐之"，就是兴趣，以学习为乐事，学习效果最佳。许多科学家在谈到自己成功的原因时，都一再强调自己对学习有浓厚的兴趣。达尔文在自传中写道："就我在学校时期的性格来说，其中对我后来产生影响的，就是我有强烈而多样的兴趣。沉溺于自己感兴趣的东西，深入了解任何复杂的问题。"可见，兴趣可以让人产生强大的内驱力，可以充分发挥人的聪明才智。

曾冕教授发表的论文*Maihua*：*National Flower of China*可能是陈俊愉对梅花产生兴趣的另一个原因，这也为后来陈俊愉奔走提倡双国花埋下了伏笔。除此之外，成都、四川丰富的梅花种质资源也是非常方便的研究对象，便于贯彻陈俊愉知行合一、手脑并用的学习理念，这也在后面陈俊愉的教育理念中充分体现。陈俊愉认为，实践技能的意义不仅仅在于其"对于大学生十分紧要"，更重要的是其乃为教育的重要价值之所在。实践是教育的出发点和归宿。教育因实践的需求而产生，亦因解决实践问题而存在和发展。离开实践的需求和对实践问题的解决，教育就将不复存在。实践问题的解决，离不开人的实际操作，光凭理论知识显然不行，必须具备实践技能。当理论知识有助于实践技能训练和实践活动进行时才有实际价值，实践技能的培训才具有直接的意义。因此，必须对实践技能的训练予以高度重视。

梅花作为中国的名花，能很好代表中华民族的精神风骨。中国人很早就有用梅、爱梅、赏梅、吟梅、艺梅的传统，对梅花有着深厚的民族感情。元代杨维帧的诗句"万花敢向雪中出，一树独先天下春"成为传世名句，表达了梅花"凌寒独自开""香自苦寒来"的不畏强暴、坚韧不屈的精神，中华民族勤劳勇敢、艰苦奋斗的品质，以及预报春天、呼唤百花的先行开拓者风范。梅文化代表着中国人的精神文明，而陈俊愉的人生也是梅花精神的完美写照。陈俊愉"磨剑"60年，研究梅花取得多项成果，多次获得国家颁发的奖项。发表论文300余篇，出版专著16本，培养研究生30余名，编著科普书籍多种。其中他和程绪珂主编的《中国花经》多次再版，对全国园艺发展影响甚大。真是应了古人语："梅花香自苦寒来"，他正是"用梅花的精神做梅花的事业"。

第二节

丹麦留学，学贯中西

一、远渡重洋，探索科学

1947年，已是复旦大学副教授的陈俊愉考取了国民政府公费留学生，到丹麦皇家兽医和农业大学攻读园艺学硕士（图1-6~图1-10）。陈俊愉的硕士导师帕卢丹（H. Paludan）教授是丹麦的花卉权威专家，受到举国尊重。帕卢丹的研究十分注重花卉与本国的经济生产密切结合，在对丹麦与荷兰的国情比较后，他认为丹麦不能走荷兰的路，争世界花卉中心，搞花卉国际拍卖；只能根据本国的自然条件、财力、物力和资源，发展观叶盆

图 1-6　1947 年，陈俊愉（第二排中）赴丹麦留学，与同去欧洲同船的同学们合影

图 1-7　1947 年，陈俊愉（左六）赴欧洲留学与同船的同学合影

图 1-8　1948 年，陈俊愉（左一）在丹麦哥本哈根读研究生时与同学合影

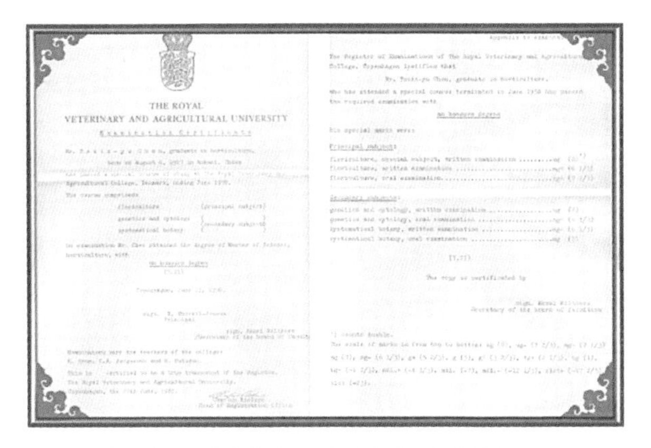
THE ROYAL
VETERINARY AND AGRICULTURAL UNIVERSITY

图 1-9　陈俊愉的丹麦皇家兽医和农业大学研究生毕业证

图 1-10　2002 年，陈俊愉重返丹麦留影
（杨乃琴 供图）

栽，研究利用煤矸石进行的温室种植技术。他研究培育的观叶盆栽品种推出后，解决了花农的致富问题，为丹麦换回大量外汇。帕卢丹的研究思路以及科研成果转化为效益的现实，给陈俊愉留下极深的印象，也对后来陈俊愉的科研和教学影响很大。

帕卢丹教授执教严谨，一丝不苟。园艺系编印了乔灌木、草花、温室花卉等数本植物图谱，他要求园艺专业硕士认识3500种以上的植物，并背出相应的学名、原产地。校园内所有植物设置标牌，以便学生随时识别和记忆。

二、勤学理论，积极实践

丹麦皇家兽医和农业大学园艺系的治学之道很独特，学生需有本国3年以上工作经历，择优推荐而不用考试。由于学生已认识大量植物，并积累了丰富的繁殖栽培管理实践经验，入学3年专学基础理论。

陈俊愉与这里其他学生的情况恰恰相反，帕卢丹教授第一次和他见面时，看了他的成绩单后说：“陈，你的学习成绩很好，你缺乏的是动手训练。”帕卢丹很快帮他联系安排了一家花卉种植企业，此后每个周末和寒暑假期间陈俊愉都到那里实习、劳动。鲍尔森（D. T. Poulsen）月季苗圃的温室在距哥本哈根20km的郊区，陈俊愉都是骑自行车往返。第一天去劳动是做月季芽接，他一天做了70多个，而一问和他同来的欧洲学生，不论是姑娘还是小伙，芽接没有少于800个的。他感到无比羞愧，遂加劲苦干，3个月后他一天做到了900个。在鲍尔森的温室，陈俊愉体验了月季、山茶等许多花卉生产的每一个操作环节，愈发感到通过劳动实践提高动手能力应是园艺学者的必修课，黑板上是培植不出好花的。

陈俊愉说：“我在国外做了3年研究生，同时也劳动了3年。每个周末、每个寒暑假都去劳动。研究生要学习高精尖的技术，但不会田间操作也不行。就是早年的研究生，我也要求他们要下去劳动3个月，至今他们仍觉得受益匪浅。”因此，北京林业大学园林学院一直不断丰富和完善实践教学体系，教师与学生共同参与专业实践是陈俊愉一直倡导和坚持的。北京林业大学的园林植物类课程很少在教室里上课，大都在城市公园等各种绿地中现场教学。除了学习植物学名外，栽培养护类课程主要是在户外学做月季嫁接、植株修剪等，还要养盆花。这种有景有情入境式的教学方式，有效地实现了陈俊愉“知行合一、手脑并用”的教学观。

三、排除万难，回到祖国

1949年10月，中华人民共和国成立的消息刚传到丹麦，陈俊愉就悄悄着手准备回国。1950年6月，陈俊愉谢绝了国外的高薪聘请，于丹麦皇家兽医和农业大学硕士论文答辩结束后一周，连毕业典礼都未参加，就带着妻子和年幼的女儿，克服重重困难，回到祖国的怀抱。

回到祖国的陈俊愉，先是到武汉大学农学院先后任副教授、教授，后任华中农学院教授、园艺系副主任。在此期间，他带领学生调查梅花，还力促武汉东湖风景区相关负责人入川收集梅花良种，为建成后来的磨山梅园奠定了基础。陈俊愉参加了1954年武汉特大洪水的护堤防汛工作，并在洪水过后对园林树木耐涝性进行调查，成为树木耐水分胁迫和园林树木学课程的经典案例。这体现了陈俊愉抗洪不忘专业，善于化危为机，成就经典的能力。

1957年，陈俊愉奉命调入北京林学院任教授，兼任城市及居民区绿化系副主任（后为主任）。梅花虽有一定的耐寒性，但是北方温度过低，花蕾会受冻害；湿度过低，枝条会风干、烧条、枯死。要使之北移，需极大地增强其耐寒性和耐旱性。为了在北方也能欣赏到“踏雪寻梅”的胜景，陈俊愉与北京植物园合作，进行梅花引种驯化研究，选出‘北京小’梅和‘北京玉蝶’两个能在北京露地生长开花的真梅新品种。

1966年，侍弄“毒花毒草”的陈俊愉受到严厉冲击，他和学生们辛辛苦苦培育出来的抗寒梅花新品种连同20余年跑遍10余个省拍摄、记录、整理出来的照片和研究资料被付之一炬，继而又与北京林学院一起被“疏散”到云南。是“零落成泥碾作尘，只有香如故”等历代文人赞美梅花风骨的佳句，陪伴他度过了身心备受折磨的边陲乡村岁月。

1971年，北京林学院被下放云南来到丽江，陈俊愉挨批斗被关进牛棚隔离审查，情绪极度低沉，甚至产生了自杀的念头。一日清晨，陈俊愉在外出伐木时（当时被强迫劳动改造）忽见山中一枝野梅迎风怒放，顿时诗情澎湃。陈俊愉自青年起就从事梅花科研工作，顽强追求，矢志不改，梅花是他心中的最爱，在人生最艰难的时刻，正是那株傲霜拒冰的山中梅花的风骨与形象，成为他顽强生存下来的精神支柱。于是他悄悄写下了一首咏梅词，以自我鼓励、自我振奋：

卜算子·咏梅

村外小石桥，冰雪红梅傲；已是隆冬腊月时，枝劲花犹俏！
山野百花凋，只有梅花笑；敢以铁骨拒霜天，真金何畏燎？！

一九七一年岁末寒冬
作于云南丽江

在陈俊愉一生最困难的时候，正是梅花傲霜拒冰、迎风怒放的英姿激励着他顽强地与命运抗争!“敢以铁骨拒霜天，真金何畏燎？！”这就是“梅花院士的梅花精神”，在最困难的时刻不惧寒冬、向往成功、坚韧不拔、百折不挠、拼搏到底的事业心，真是难能可贵!

1976年后，陈俊愉被压抑多年的梅花情结重得舒展，他以更炽烈的热情投入中国的园林花卉事业。他用了6年时间，组织全国各地的园艺家协作，完成了全国梅花品种普查、搜集、整理并纳入科学的分类系统。他在1989年出版了中国第一部大型梅花专著——《中国梅花品种图志》；1996年，他的第二部大型梅花专著《中国梅花》（续志）出版；2010年，他的

第三部大型梅花专著《中国梅花品种图志》出版（图1-11、图1-12）。

图 1-11　1986 年，陈俊愉苦战酷暑书写《中国梅花品种图志》（杨乃琴 供图）

他的研究对象不仅集中在梅花、菊花上，而且涉及金花茶、月季、牡丹、蜡梅、桂花等传统名花，更涵盖了花卉的文化、应用和园林绿化建设。自1961年起，陈俊愉开始做菊花杂交和起源研究，期间虽遭中断，终于1979年获得“合成菊”，1985年获得‘美矮粉’等地被菊新品种。陈俊愉不仅探明了菊花起源，而且先后获得地被菊新品种30多个，推广1000多万株，开创了“改革名花走新路”的野化育种路径。

1980年，陈俊愉赴广西调查金花茶种质资源，建设金花茶基因库，并开展杂交育种工作。1982年，金花茶基因库

图 1-12　2004 年，陈俊愉在家中撰写专著（杨乃琴 供图）

图 1-13　1986 年，陈俊愉被评为园林学科第一位博士生导师

建立和育种工作获得林业部科研立项；1986年，通过林业部项目鉴定。金花茶基因库建立和育种工作，为花卉种质资源的保存和利用开创了有效的途径。

1989年，陈俊愉开始刺玫月季新品种选育的研究，先后培育获得‘北林红’‘珍珠粉’等抗性月季新品种。

在近半个世纪的教学、科研中，陈俊愉的足迹不仅留在了武汉、北京、昆明等工作、生活过的地方，而且踏遍了神州大地，为我国花卉的科研、园林的教学作出了重大贡献。在观赏园艺学（花卉）领域，陈俊愉始终指引着专业前进的方向和步伐。1986年，陈俊愉被评为园林学科第一位博士生导师（图1-13）；1997年，陈俊愉当选为中国工程院院士（图1-14）。

姓　　名：陈俊愉
性　　别：男
民　　族：汉族
出生年月：1917年9月
当选日期：1997年
所在学部：农业、轻纺与
环境工程学部

发证机关：中国工程院
发证日期：2006年6月
证书编号：0424

图 1-14　1997 年，陈俊愉当选为中国工程院院士

第三节

归侨先锋，花凝人生

一、南梅北移，世界壮举

梅是我国的传统名花和嘉果，距今有7000多年的应用史（先人采集梅果用于祭祀祖先和羹汤调味）和3000多年的引种栽培史。作为中华文化的精神象征之一，梅一直为中华民族所推崇、欣赏。梅是亚热带乔木，虽耐寒，但性喜温暖湿润气候，3000多年来多露地栽培于淮河、长江及珠江流域。在这些地区，初春时节踏雪寻梅，自古便为韵事。而在华北地区，露地赏梅却一直是可望而不可即的，遑论塞外和关外了。为了弘扬梅花作为中华民族精神象征的弘毅坚强、不畏寒雪的品格，丰富三北地区园林绿化的植物种类，为了让全国人民都能欣赏梅花，陈俊愉作出了令常人不敢想象的决定：南梅北移！为了让梅花能在北国露地生根开花，让梅花坚贞不屈、勇于创新的精神激励国人，让梅花产业造福于民，陈俊愉倾尽了毕生精力研究梅花的北移工作。

陈俊愉知识渊博，对摩尔根的遗传学和米丘林的驯化学都有深刻的理解。他深知植物的抗寒性是植物的遗传特性和环境共同作用的结果，其中植物的遗传性起决定作用，因此，梅花抗寒品种是梅花北移的物质基础。陈俊愉于1957年开始，在总结前人经验的基础上，提出并遵循“直播育苗、循序渐进、顺应自然、改造本性”的原则，进行梅花引种驯化，从中选出‘北京小’梅和‘北京玉蝶’2个抗寒新品种，这2个品种于1963年开花、结果，引种驯化工作取得了初步成功。1962—1966年，他指导研究生黄国振用自然授粉及人工杂交的实生苗在北京开展越冬驯化研究，至1967年，部分垂枝类朱砂型与重瓣花植株含苞待放，可惜受“文化大革命”影响而遭破坏。通过对真梅品种的抗寒生理指标测试发现，梅花要进一步北移必须渗入抗寒梅的近缘种（如山杏等）的基因，于是自1982年起，他开始指导研究生张启翔开展梅花远缘杂交与抗寒育种，育成了‘燕杏’‘花蝴蝶’等梅花抗寒品种，能抗–35~–25℃低温。此后，又指导博士生先后进行梅花抗寒育种工作，梅花抗寒品种不断出现。通过实生选种、引种驯化、杂交育种和远缘杂交等方式选育出20余个抗寒梅花品种，为梅花北移奠定了物质基础。

为了指导南梅北移的实践，陈俊愉深入研究了引种驯化的各种理论与学说及其研究成果，尤其是根据引种驯化的气象历史学说和考古学的研究成果，得知梅的历史分布较现在分布更北，推断通过合理驯化，梅可以在三北地区南部栽培。后来的实践证实了陈俊愉这一推断的正确性。陈俊愉根据植物冻害发生的生理学基础，采用电导法对梅花抗寒品种的抗冻性进行了测定，为不同梅花品种的北移奠定了生理学基础；依据（播种繁殖）苗木的组织坚韧性随苗木的年龄增加而增强，可塑性随年龄增加而变小的规律，创造性地提出了“通过实生繁殖、斯巴达式管理、循序渐进”的引种驯化理论体系；针对植物引种驯化的气候相似性原理，根据实践提出了“抓住主导生态因子进行驯化栽培”南梅北移的驯化栽培理论。这些理论是指导南梅北移的理论基础，体现了陈俊愉渊博的知识和勇于创新的科学精神。

梅花北移整体工作分三步走：第一步是以北京林学院和北京植物园为依托，建立抗寒梅花的研究中心，研究内容包括抗寒梅花品种的选育、抗寒生理与品种抗寒性测定，梅花抗寒品种繁殖与多点试验，起始时间从1957年开始，至1964年已经取得初步成功。第二步是在三北地区中部进行区域试验与推广，自1986年开始，到2003年取得初步成功。1986年，陈俊愉带领张启翔、刘晚霞等人首次在辽宁熊岳进行试验；随后的1989—1992年，陆续在兰州、太原、太谷、西宁、呼和浩特开展抗寒梅花品种区域试验，取得了一定成果。1992年起，陈俊愉开始在内蒙古赤峰园林处进行抗寒梅花品种的区域试验，当年‘送春’梅树高4m，年年露地开花。1998年春，专门送‘美人’和‘淡丰后’2个梅花抗寒品种苗木至延安栽种，后者已于2000年在延安露地开花。2001年春开始，陈俊愉指导博士生进行系统的梅花抗寒品种的区域试验工作，李振坚、张秦英先后在长春、沈阳、北京、太原、包头、延安、兰州7市开展梅花区域试验，选用的12个梅花品种为‘燕杏’‘送春’‘丰后’‘美人’‘中山杏’‘淡丰后’‘三轮玉蝶’‘复瓣跳枝’‘小绿萼’‘黑美人’‘俏美人’‘玉台照水’等1~3年生嫁接苗，在三北地区中部取得区域试验成功。第三步是继续向三北地区北部进行区域试验与推广总结阶段。2003—2009年，陈俊愉指导博士生李庆卫，新增新疆乌鲁木齐、黑龙江大庆、吉林公主岭等地进一步扩大试验，选择在前期区域试验表现优良的梅花抗寒品种‘燕杏’‘丰后’‘淡丰后’‘送春’‘美人’等品种进一步扩大试验范围，首次在大庆实现了‘燕杏’‘送春’‘美人’‘淡丰后’4个梅花抗寒品种露地栽培开花，在乌鲁木齐让‘燕杏’‘丰后’2个梅花抗寒品种露地开花，在公主岭让‘燕杏’‘美人’‘淡丰后’‘公主木兰’4个品种露地栽培开花，使梅花北移逾2000km。综合各区域试验点情况分析，初步认为在加强养护管理情况下，各个点都能保证有5个品种开花。2009年以后，陈俊愉又指导博士生姜良宝进行梅花区域试验工作，并期望对上述试验点全面观察总结，形成梅花北移的系统理论和实践体系。陈俊愉指导的直接做梅花区域试验的博士研究生有4人，可见他对梅花北移推广工作的高度重视。南梅北移的实践是陈俊愉亲自开创和领导的，其中每一个试验点的建立，无论是试验点选择、品种选择、试验设计还是试验观察，他都亲自过问或前往。2003年4月，86岁高龄的陈俊愉带领张秦英、李庆卫2位博士亲赴沈阳园林科学研究院观察梅花在沈阳露地栽培开花情况，分别在沈阳园林科学研究院和沈阳农业大学召开座谈会，为梅花推广不辞劳苦；2004年春季，在包头园林科学研究所观察梅花越冬情况后，陈俊愉亲自对技术人员进行梅花的栽培技术指导；2007年4月18日，陈俊愉与杨乃琴、李振坚、李庆卫一起赴新疆乌鲁木齐观察梅花露地开花情况。为了让梅花在新疆落户，90岁高龄的陈俊愉应新疆农业大学和新疆维吾尔自治区风景园林学会邀请，作了一场梅花欣赏与梅花引种驯化的学术报告。陈俊愉连续讲了3个半小时没有休息，新疆农业大学的学术报告厅座无虚席，掌声不断。陈俊愉对梅花的执着追求和渊博的学识深深地感染了听众，梅花科学文化知识在新疆园林界扎根发芽。但连续工作导致的过于劳累，让陈俊愉在当晚出现了腿抽筋症状。2007年开始，新疆农业大学校园内露地栽培的梅花连年开花，新疆部分地区园林也开始引种梅花。2008年4月21日，陈俊愉赴大庆观察梅花冻害情况，在结束考察的当天大庆下起了大雪，出现了踏雪寻梅的场景。陈俊愉虽然被任命为梅品种国际登录权威，但是每次到试验点都要亲自带上《中国梅花品种图志》和《中国梅花》两部专著（图1-15、图1-16），现场对试验品种的性状按照图书记载的品种性状进行一一核对，并记载发生变异的情况。这种学术的严谨性和身体力行的作风深深地影响着学生们。经过陈俊愉多年的南梅北移工作，今天北京的赏梅胜地有国家植物园梅岭、北京鹫峰国家森林公园梅园、明城墙遗址公园、

图 1-15 《中国梅花品种图志》

图 1-16 《中国梅花》

北京中山公园、钓鱼台国宾馆梅园、玉渊潭公园梅园。北京林业大学梅菊圃已经成为南梅北移的种质资源中心圃，且校园内也有大量梅花栽培。我国北到黑龙江大庆（图1-17），西北到新疆乌鲁木齐，均有梅花露地栽培区域试验点。这是一项世界性的创举，是陈俊愉南梅北移理论创新与实践的结晶。山东青岛梅园、莱州宏顺梅园、沂水雪山梅园、淄博腾蛟园艺场梅园，河南卢氏豫西梅花研究所梅园，吉林公主岭梅园等北方梅园，无不凝结着陈俊愉的心血。

在陈俊愉与学生的共同攻关下，经过60多年的引种、选种和育种等多方科研，终于育成30多个抗寒梅花新品种，不仅在北京，而且在关外（沈

图 1-17 2008 年 4 月 21 日，91 岁高龄的陈俊愉在大庆市梅花区域试验点修剪梅花（李庆卫 摄）

阳、长春等）、塞外（赤峰、包头等），甚至边远地区（乌鲁木齐、大庆等）都露地开花。至此，陈俊愉已将梅花北移2000多km，这是世界植物引种驯化史上的一个奇迹。

二、菊花探源，揭示奥秘

菊花是我国重要的传统名花，现为世界各国广泛栽培，切花产量名列前茅。但对这样一种重要花卉的起源，各国众说纷纭、莫衷一是。陈俊愉为了弄清菊花的起源，寻找栽培花卉形成、演化规律及途径，进行了30年的研究。在分析我国菊属植物的特点、了解菊属植物地理分布以及查阅了大量古代文献资料的基础上，他大胆选择了几种野生菊属植物进行远缘杂交，决心以人工合成的方式来研究家菊的起源——这的确是一条艰难的道路。20世纪60年代，他用野菊与小红菊杂交，培育出了四倍体的'北京'菊，成为通往人工合成家菊大道的一个开路先锋。1979年以后，他又带领青年教师、研究生进行更为广泛和深入的研究。他们多年在黄山、天柱山、伏牛山、大别山等地进行远缘杂交试验，创造出了一些新的"合成菊"。其中几个种间杂种在形态上酷似家菊（其染色体$2n$=45~54），已跻身于家菊的行列。这些通过人工远缘杂交产生的菊花类型再现了1000多年前原始菊花的基本形态，在世界上还是首次。通过30年的长期研究，陈俊愉已基本探明栽培菊花的起源主要来自野菊与毛华菊的杂交和随后的选育，而紫花野菊等也参与了物种形成。直到去世前一周，陈俊愉将要出版的专著《菊花起源》书稿交给了出版社。

陈俊愉在《艺菊史话》中对菊花的演化及栽培历史有详尽的表述，现概述如下：

菊花原产中国，品种丰富异常，变异层出不穷。先秦时期，屈原的名句中便已提及菊花，但这时指的应该是野菊。中国之有家菊，大抵始自晋代的陶渊明。也就是这时，大约距今1600年前，在中华大地上似已首次出现了真正的家菊。

自家菊出现以后，其发展就一日千里了。至唐代，艺菊渐盛，变异益多，各色菊花品种陆续出现，诗人吟咏亦渐多。至宋代，艺菊之风大盛，出现了不少菊花专书和菊谱，刘蒙的《菊谱》是我国也是世界上第一部菊花专著。洛阳是当时栽培菊花最盛的都市，品种也较为集中。明代菊花品种更多，艺菊水平又有提高，且有更多的菊谱问世，如黄省所著《艺菊书》。至清代，菊谱及艺菊专著更多，其他花卉通论类专著也涉及菊花部分，如《花镜》《广群芳谱》等，说明菊花新品种不断增加，栽培技术陆续提高。在这段时期中，还出现了较为频繁的菊花品种交流。

陈俊愉总结指出，回顾1600年以上的中华艺菊史，我们的祖先作出过以下几项主要的历史性贡献：①发现并引种了通过天然种间杂交而首次在地球上出现的家菊原种，为菊花的进一步育种、演化与栽培应用，打下了根本性的物质基础；②通过播种天然授粉所结种子，在世界上最早（至迟在明代）掌握了（天然）杂交、培育和选择3项育种基本技术，并能巧妙运用，获得了数以百计的不同类型、花色的菊花品种，为随后向朝鲜、日本、美国及欧洲国家出口菊花品种资源，提供了优异的育种原始材料；③通过长期的群众性育种与栽培，选育菊花新品种乃至一般艺菊经验不断积累、交流，特殊技术不断发明、提高。

陈俊愉首先搞清和理顺了菊花起源与传播发展轨迹。菊花显系由我国野菊、毛华菊及紫花野菊等天然杂交后，再经先人不断选育而来。家菊首次出现于园林栽培当自晋代陶渊明，729—749年经朝鲜始传日本，随后流传西方。陈俊愉总结了菊花品种繁多、花色丰富、花大色艳等优点，以及抗逆性不够强、不耐粗放的露地栽培管理与不适合大规模栽种等缺点，立志对其进行改良。通过用早菊、岩菊与从美国引进的‘美矮粉’等做母本，用野生菊属种类毛华菊、小红菊、甘野菊、野菊、紫花野菊、菊花脑和北京菊做父本，进行多次远缘杂交以及回交和选育，经历了二三十年曲折坎坷的道路，终于在后代中选出植株紧密、低矮、抗寒、抗旱、耐半阴、耐盐碱、耐污染、耐粗放管理和花期长的新型开花地被植物——地被菊，现有几十个精选品种可供园林绿化之用。此项成果获得北京市科学技术进步奖二等奖和第二届全国花卉博览会科技进步奖二等奖。近年，从中选出的早花饮用地被菊，是大有开发前景的新型茶菊，有望在国内外市场崭露头角。现在地被菊已成为菊花的大类，与盆栽菊、切花菊鼎足而立。

三、花卉育种，新优频出

以月季为例，在月季育种工作中，陈俊愉也独辟蹊径。他认为充分利用我国丰富的蔷薇资源，培育适合中国广大地域栽培的高抗性月季新品种群是当前的主要任务之一。中国原产的蔷薇属植物占全世界总数的41%，而且中国蔷薇资源中有些具四季开花、抗性强、花具各色等突出优良性状。欧洲人搞了近200年的月季育种，也没有育成四季开花的品种。自从18世纪中国的‘月月红’‘月月粉’‘中国彩晕’‘中国淡黄’等品种传入欧洲，参加欧洲品种杂交后，月季育种获得了飞跃发展，现在已培育了2万多个品种。但现代月季抗逆性差等弱点，已开始引起世界月季育种家们的注意。早在20世纪50—60年代，陈俊愉就带领他的学生用我国蔷薇植物中具高抗性的种类与现代月季进行杂交，特别是用报春刺玫、黄刺玫等与现代月季杂交，培育出具有中国特色的耐寒、耐旱、抗病虫害、管理粗放、四季开花的全新月季品种群——刺玫月季。当时已取得了一些有希望的杂种苗，可惜在“文化大革命”中被毁。自1982年起，他又带领学生和研究生重新进行这项工作。为了弄清我国的蔷薇资源，他多次去山西、青海、云南、新疆以及我国东北地区收集蔷薇野生种，研究其生态习性与生物学特性，以便进行针对性育种。1989年，他主持了北京市科学技术委员会的“刺玫月季新品种群培育”重点科研项目，他指导博士研究生用我国三北野生蔷薇与现代月季进行远缘杂交，共杂交120个组合，授粉6000余朵花，获得了2000多粒杂种种子，其中有10株杂种苗在抗性和观赏性上表现突出。这为培育全新的“刺玫月季品种群”打下了基础。

四、国花评选，传承文化

国花是代表国家的群众性表征，它是民间推选出的国家象征。从这个意义上讲，评选国花应是一件很严肃的事情。但同时国花又是不上宪法的，与国旗、国歌、国徽、国都等有本质的差异。国花的人民群众性特强而其政治法律性则甚弱。各国国花评选历来是以约定俗成为准，最后政府认可即得。

作为一个有着悠久花卉文化的大国，中国到现在都没有确定国花，这确实是一件令园林花卉专家感到焦虑的事。早在1982年，陈俊愉就公开发表文章，倡导在我国评选国花，成为我国倡导国花评选的第一人。最早他提出国花非梅花莫属。1988年，经过综合权衡后，他提出了梅花、牡丹“一国两花”的构想，并多次举行大型公益活动进行广泛宣传。陈俊愉倡导国花评选的初衷，是想通过这个活动，对全民进行一次全国性的花卉知识普及，让更多的人了解祖国丰富的花卉资源，更加热爱具有“世界园林之母”美誉的伟大祖国。

陈俊愉表示全世界已有100多个国家确立了国花，中国被世界誉为“园林之母”，又是迄今尚未确认国花的唯一大国。近些年，在国际上不少场合我们陷入被动。在当前形势下，最佳对策是端正对国花评选的认识，了解评选国花的重要性，以评选国花为契机，广泛开展爱国主义教育。

在中国的历史上，清朝末年慈禧曾封牡丹为国花，并在颐和园建国花台；约1929年后，国民政府曾定梅花为国花。

梅花、牡丹可以作为中国的双国花，原因如下：

一是梅花、牡丹均原产中国，栽培历史悠久，花文化内容丰富，深受中国人民喜爱，在1987年进行的中国十大名花评选活动中，梅花得票数第一，牡丹第二，就是很好的例证。

二是中国疆域广阔，横跨热带、亚热带、温带，而梅花自然分布主要在珠江和长江流域，牡丹自然分布主要在黄河流域，两者一南一北，具有更广泛的代表性。

三是梅花为强阳性小乔木，牡丹为耐阴灌木，搭配使用，在园林应用上更丰富。

四是在花文化上，中国人很早就有用梅、爱梅、赏梅、吟梅、艺梅的习惯，对梅花有着深厚的民族感情。梅文化代表着中华民族不畏强暴、坚韧不屈的精神文明。牡丹雍容华贵、国色天香，代表要求繁荣富强的物质文明。以两者为双国花，表明了我们党“两个文明”一起抓的信心和决心。

五是牡丹是清朝国花，1929年被国民政府确定为国花，历史上梅花和牡丹都是中国的国花，现在确定双国花是文化传承，有利于实现国家统一。

六是“一国两花”世界上并不是中国独有的。如日本以菊花和樱花为双国花，墨西哥以仙人掌和大丽花为双国花。在一个市内，双市花也是存在的。如北京就以菊花和月季为双市花，无锡以梅花和杜鹃花为双市花。

“国花是一个国家的名片”，早在1982年，陈俊愉就写道：“每个国家的国花各有特色，分别具有独特的观赏效果和经济价值，大都栽培历史悠久，和人民的生产、生活、文学、艺术等有着千丝万缕的联系，所以世界各国多数都有国花。”

许多世界名花，如梅、牡丹、兰、荷、菊、月季、玉兰、杜鹃花、山茶、百合等，原产地都是中国。陈俊愉提出选梅花为国花有多个理由：我国特产，分布广，十几个省均有野生；坚忍不拔，傲雪而开，早春独步；有3000多年的栽培史，自《诗经》以降2000多年来，文人志士歌咏不绝；外国只有极少数国家栽培，也是从我国传去；梅花原来就曾被定为国花，理应重申前议，不割断历史；等等。

1999年，昆明世界园艺博览会组委会印了一本各国国花宣传画册。

中国的国花未定，而组委会为了“补缺”，擅自印上“中国国花——牡丹（暂定）”。为此，陈俊愉专门跑去和他们争辩。

2001年，亚太经济合作组织（APEC）第九次领导人非正式会议在上海举行。一名记者报道现场时说，演出的舞台设计以中国国花牡丹为主体。看到这一报道后，陈俊愉马上写信抗议：“你错了，国花至今尚无定论！”

为了国花，陈俊愉利用中国工程院院士大会的机会，组织两院院士在倡议书上签字，倡议书上已经有了吴良镛、王文采、袁隆平、卢良恕等各个领域103位院士的签名。

为了国花，年过九旬的陈俊愉开了博客，上面只有一篇文章——《关于中国国花》。就像他在很多次讲座里一再强调的，评国花的意义在于普及花卉知识、推动花卉产业，避免再次出现让人痛心的现象：新西兰从中国引进猕猴桃，然后培育出优质品种，反过来挣我们的钱；中国有十几种郁金香的野生种，却要高价向荷兰买二三流的种球，拿着金饭碗讨饭。

为了国花，陈俊愉组织和参与了多次大型公益宣传活动（图1-18~图1-21），如“我为国花投一票”，大年初二还去北京植物园当科普讲解的志愿者，等等。

曾有人问陈俊愉这么做图什么？“很简单，爱国主义。”陈俊愉言简意赅地回答。他去世前不久，还对学生说：“我虽然已经声嘶力竭，但力气还没使够，我会尽自己最大的努力，争取早日促进国花评选的合理解决。”

陈俊愉最终还是没有看到国花的确立，但经过多年来激烈的争议，如今园艺花卉界已经逐步达成共识：一国多花不便记忆，单一国花代表性不强，双国花比较适宜。这大抵可以给他一丝安慰。

图 1-18　2004 年，陈俊愉（左一）在无锡进行国花评选宣传，在签名板上签名（李庆卫 摄）

图 1-19　2005 年 2 月，陈俊愉（前排右一）出席中国第九届梅花蜡梅展览会开幕式并致辞，意大利国家园艺所所长斯给瓦先生、韩国梅花研究院安亨在先生、中国工程院孟兆祯院士等人受邀出席（李庆卫 摄）

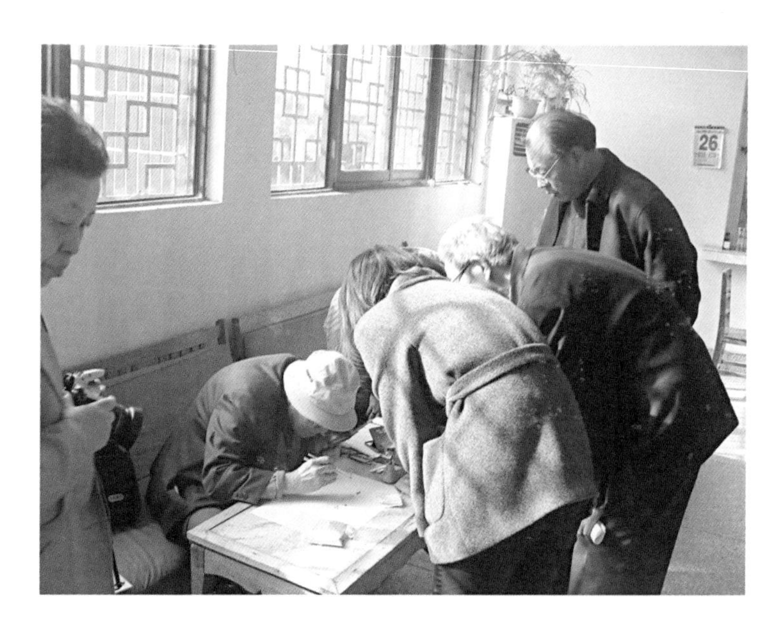

图1-20　2005年11月26日，陈俊愉（左二）在河南新郑博物馆亲自考察裴李岗遗址挖掘的古梅核，探索梅果在中国的应用历史（李庆卫 摄）

图1-21　2005年11月26日，陈俊愉（左二）在河南新郑考察裴李岗遗址（杨乃琴 供图）

第四节

花卉院士，登录权威

一、心系梅花，倾心产业

因为对梅花种质资源如数家珍、新品种培育精品频出、梅花专著是世界梅花的权威，陈俊愉是公认的梅界权威，赢得了“梅花院士”的美誉。

然而，与理论上的成就相比，陈俊愉更看重的是新品种、新栽培技术的推广与应用。

陈俊愉提倡栽梅这些年，常有人慕名而来，他除了免费传授技术，还指点来的人到哪儿去买苗、怎么种。“与国外相比，有些方面我们做得还不够。手里攥着好的项目，却不能转化成农民致富的钥匙，我心里着急。”陈俊愉如是说。

1991年，青岛梅园创始人庄实传，投资包下千亩荒山植梅，却因为不了解梅花的习性，致使梅花成活率不高。后来，他了解到陈俊愉是研究梅花的，特意来拜访。陈俊愉结合实地考察，亲传挑选和驯化耐寒梅花的多年经验给庄实传，并请种植梅花的专家帮他培训人才，引进梅花品种共计100多个。

与此同时，陈俊愉还是成都锦江区幸福梅林的产业顾问，跟国内很多栽培梅花树苗和果梅的企业长期保持联系。耄耋之年的陈俊愉说：“有人要投资梅花，我们这些专家们就应该全力配合。只是‘躲进小楼成一统’，不就成了孤芳自赏的书呆子了吗？”

陈俊愉不仅关心梅花，他指导的研究生研究范围还涉及牡丹、菊花、月季、金花茶、紫薇以及盆景等方面；他不仅关心花卉育种，更关心花卉繁殖、栽培、产业化和花文化。

二、品种登录，国际视野

陈俊愉让中国获得了第一个植物品种的国际登录权，让梅花在国际上有了通行“绿卡”。按照国际惯例，每一种植物的栽培品种都需在国际上进行正式登录，才算拿到了在国际上通行的“绿卡”。国际植物品种登录权威的职责是负责在世界范围内对某一类或某一种的植物品种进行名称的核准和认定，以确保品种名称的准确性、统一性和权威性，便于花卉在世界范围的传播和交易。在国际上，植物品种登录权威美国最多，有几十个；其次是英国，也有20个左右；就连印度都有。中国素有“世界园林之母”的美誉，但直到1998年，号称“植物资源宝库”的中国却连一个植物品种登录权威都没有。观赏植物品种的国际登录早从1955年就已启动，国际登录相当于“知识产权”，登录后的品种就得到了全世界的公认。我国现在很多名花出了新品种，还必须到国外去登录。例如，牡丹要到美国登录，兰花要到英国去登录。

陈俊愉心有不甘。对于如何争取登录权，他一无所知，国内其他人也知之甚少。他先是试探着写信到美国，而后又是加拿大、英国。几经周折，最终才算找到了“庙门”——国际园艺学会的栽培植物命名与国际品种登录委员会。为了做好这个国际登录权威，为了梅品种的登录，他四处奔走。每确定一个名字，每鉴定一个品种，都要花费很多心血。他主持召开了7次梅品种国际登录年会，出版了3本梅品种国际登录年报（双年报）；一些误叫了多年的品种更了名，一些似是而非的名称有了定论，一些一花多名的梅花统一了名称（图1-22、图1-23）。

由于陈俊愉及其领导的中国花卉协会梅花蜡梅分会在梅花研究领域的

图1-22　2004年春，陈俊愉在安庆出差期间修改梅品种国际登录年报（杨乃琴 供图）

图 1-23　2005 年，陈俊愉在梅品种国际登录年会上（杨乃琴 供图）

领先水平，国际园艺协会于1998年授予他们为梅花及果梅的国际植物（品种）登录权威。这是中国第一个植物品种登录权威称号。它意味着规范梅花品种以合法名称的工作，将由中国人来完成。从此，国际园艺学会不仅正式确认梅是中国独有的奇花，还以梅花的汉语拼音“Mei”作为梅的世界通用名称，并出版了中英双语版的《中国梅花品种图志》。多年来，他主持出版了多部已经认证的梅品种著作，正式登录的品种超过400个。他遂在北京林业大学内成立了“梅花品种国际登录中心”，这为我国的梅花和果梅走向世界打开了一扇大门。他亲赴各地，将登录工作与科普宣传、技术培训紧密结合，取得了显著成效（图1-24~图1-26）。他主持建立的鹫峰梅品种国际登录园已经作为梅花科研基地——中国梅花品种资源圃。

陈俊愉还在梅花品种分类上创立了世界上独一无二的“二元分类法”，进而形成了花卉品种分类的中国学派。陈俊愉和他领导的中国花卉协会梅花蜡梅分会，被国际园艺学会授权为梅花及果梅的国际植物（品种）登录权威。陈俊愉也因此成为第一位获此资格的中国园艺专家。

但是，陈俊愉还很“贪心”，用老人的话讲，是“要让梅香香飘万里，飘到国外去。”为此，他精心设计了梅花的登录地点、登录时间以及登录方式。

他说：“最好的推广地点是东南亚，那儿华侨多，梅花不用宣传人们都能接受。欧洲方面，只要空运过去含苞的花枝，几天就开，赶圣诞节一点儿不成问题。在成都5元钱一大枝的梅花，到了巴黎50欧元都不止。作

图 1-24　2011 年春，陈俊愉（左二）在北京卧佛寺鉴定梅花（李庆卫 摄）

图 1-25　2011 年春，陈俊愉（中）在北京植物园鉴定梅花后与工作人员合影（李庆卫 供图）

图 1-26　2012 年 1 月，陈俊愉在家中与李庆卫（右）、杨亚会（左）鉴别梅花品种（李庆卫 供图）

为特色商品，梅花推广到国外的最好方式是制作成小盆景和切花。不过，因为西方人都喜欢颜色鲜艳的大花。梅花是小花型，不符合外国人的审美，所以梅花的推广不可能一蹴而就。”

三、从园林之母到花卉强国

中国地域辽阔，自然条件复杂，地形、气候、土壤多种多样。第四纪冰川时，中国保持了相对稳定的气候，从而使植物资源十分丰富，成为世界上著名的花卉宝库之一，是世界栽培植物起源中心之一，也是最早最大的中心，同时许多孑遗植物也在中国得以幸存。

我国种质资源之丰富，在世界范围内进行比较也是突出的。中国是世界温带国家和地区中观赏植物资源和多样性最突出者，也是最出色者。全球观赏植物共约3万种，其中较常用者约6000种，栽培品种40万种以上，而我国原产观赏植物共约2万种，较常用者约2000种。具体到花卉品种，如杜鹃花，全世界共有800余种，中国就有600余种；山茶花全世界常见栽培的只有几种，而中国却已报道了100余种，连最稀有的金花茶也已发现了10多种；相关例证不胜枚举。

在我国突出的野生植物种质资源基础上，我国传统名花的起源也十分复杂多样。陈俊愉指出：中国是多种名花的起源地，如梅花、牡丹、菊花、百合、芍药、山茶、月季、玫瑰、玉兰、珙桐、杜鹃花、绿绒蒿、报春花、木兰科（多种）、松柏类（多种）的原产地都在中国。中国不仅原产花卉种类繁多，品质优良，而且名花之栽培品种及其野生近缘种亦甚丰富，即遗传多样性十分突出。观赏植物尤其是名花之起源多样性，构成了中国花卉来源复杂、起点高的特色。

中国是多种名花的故乡，在栽培名花的过程中，通过长期不懈的选育，我国园艺工作者创造了五彩缤纷的奇品。陈俊愉在《中国观赏园艺的世纪回顾与展望》一文中提到，我国的菊花有3000个品种以上，牡丹460个品种以上，梅花品种300个以上，落叶杜鹃约500个，古老月季约150个，春兰100个以上，墨兰130个以上，建兰100个以上，凤仙50个以上，芍药200个以上，荷花300个以上，山茶花（数种）300个以上。

陈俊愉在文章中写道："我国的花卉栽培最早从何时开始目前无法考证，但可以说，在文字出现以前，花卉就随着农业生产的发展而被人们所利用了。"我国早在公元前11世纪的商代，甲骨文中就已有与植物栽培相关的文字。在浙江余姚市的河姆渡遗址里，有许多距今7000年前的植物被完整地保存着，其中包括稻谷和花卉，说明我们祖先不但栽培粮食，也开始观赏花卉。在距今四五千年的古文化聚落中也能找到许多花卉纹饰的陶器，这是中国原始花卉事业的萌芽。

从这时起，国人热爱自然、喜爱花草树木的天性便已初露端倪，同时在历史进程中形成了主张天人合一、倡导以自然为师的思想，很早就对植物开展了引种、栽培、欣赏和改良等活动，并发展出了高度发达的花卉栽培事业。从中国古农书中"花谱"特别丰富而精彩便可窥见其繁盛，如北宋欧阳修著《洛阳牡丹记》即对牡丹的历史、分布、品种演化等作了详尽的阐述，可谓世界上第一部牡丹专著。1104年，北宋刘蒙所著《菊谱》，记载洛阳菊花品种30多种，并论述花卉育种原理，是中国菊花品种分类和花卉育种学的先驱。再如南宋范成大所著《梅谱》，是中国乃至世界上第一部梅花专著，记载了梅花品种、野梅、古梅、促成栽培、梅文化等内容。而南宋陈景沂所著《全芳备祖》、明代王象晋所著《群芳谱》等更是文人所著的花卉百科全书。总而言之，中国花卉事业从古代直至约300年前的清初，一直在世界上长期居于领先地位。

新旧世纪之交，我国花卉事业蓬勃发展，花文化自信不断增强，总体来说是朝向又好又快发展的进程，但是在某些方面仍然存在一些不足。针对于此，陈俊愉指出我国传统花卉业与花文化自信存在的主要问题在于花卉文化宣传工作不到位、种质问题梳理不清、花卉产业与当今经济发展不匹配、花卉建设唯西方是从等。

陈俊愉一直致力于弘扬传统“花文化”，他指出：要大力宣传，配合举办展览、训练班等，“请进来”“派出去”——借以扩大我国花文化的影响、印象，久之即可豁然开朗，顿见奇效。

针对已存在的问题，陈俊愉认为应做全面统筹，异军突起，才能逐步变被动为主动，最终使我国成为全球花卉强国。为此，他认为应做好以下工作：团结一致，做好规划，分工协作，局部服从整体，全国一盘棋，把国家利益放在首位；发展有特色的中国花卉业，同时适当引入并推广国外良种；通过努力重视并发掘新老国产名花，加强育种改良，把发展民族特产花卉提升到弘扬民族文化的高度，使中华花卉业经过奋斗而获得新生，全面焕发“世界园林之母”的荣光，从被动的世界园林之母成为积极主动的花卉文化产业国，使我国成为花卉世界的国际新星；将教学、科研、生产、推广紧密结合，尤其要重视各级花卉工作者的品德教育；改革名花走新路，重视育种研究，包括用基因工程手段培育传统名花新品，尽早实行新品种专利制度；加强国内外信息宣传等活动，使花卉更好、更快地为国内外人士服务。

陈俊愉指出，最重要的是加强中华花卉科普宣传和推广工作。他指出，应为国民补上花卉科普课，同时要创办花卉博物馆，加强植物园的花卉引种、繁殖、栽培，到国外办综合花展，实施花卉科普教育。在园林教育与科研中，有的忽视了观赏植物这个基本素材，也应加强传统花文化相关的教育。

在大力挖掘、宣扬传统名花之长，着力宣传、推广中华花文化时，尤重其中典型代表——梅花、蜡梅。陈俊愉致力于梅花的研究。梅花和蜡梅是中华奇葩，“两梅”精神应从千百年来的“孤芳自赏”的局限中解脱出来，通过现代化而走向全国和世界，为更高雅的未来生活服务。通过对“两梅”文化的宣传和展示，从过去不被西方重视的小花、香花上打开缺口，让中华传统名花走向世界。

中华传统花卉要想走向世界，要想更好地被运用于花卉产业与园林产业中，必须厘清“花从哪里来？”这一溯源问题。种质资源是发展生产的命根子，一旦断种，可能永不再现，那将后悔不及。针对我国珍贵而丰富的花卉种质资源面临散失甚至绝种的问题，必须做好种质资源的保护与利用工作。应对我国花卉多样性进行调查研究，提高花卉的适用性与抗逆性，对野生种质资源应该充分加以利用，并发挥其巨大潜力。陈俊愉专门写了《关于我国花卉种质资源问题》一文来探讨此事。他也一直致力于花卉种质资源的调查与研究工作。

过去我们的花卉一直以洋花、洋草为上，崇洋媚外；同时我们本身优质的花卉资源反而为外国所钟爱并引种。要改变这种面貌，陈俊愉认为：我们应从被发现的、以被动提供丰富花卉新种质资源为主的园林之母和花卉王国，向主动批量生产并向世界提供新花卉和新奇园艺植物的生产大国发展。

在发动和组织传统名花产业化、国际化，开展大规模内售外销时，一方面，应做好品种记载、整理分类、定名与标牌工作，要求百分之百的名实相符；栽培、管理好切花花枝（蕾期）和盆花、盆景，务令清洁、整齐，呈现出一派欣欣向荣景象；研究梅花、蜡梅等蕾期以及航运花枝的贮运技术，探求掌握小盆景、小盆花的无土栽培和集装箱轮运技术，了解花卉接收国的海关对检疫的要求，熟悉花卉批量生产经营环节，并善于组织

图 1-27　2005 年 11 月 27 日，陈俊愉（右三）在河南郑州指导一家企业进行野生植物引种驯化（李庆卫 摄）

内外销，善于谈判、长于用人、协调好关系、找准突破口。另一方面，有计划、有步骤、有重点地引入世界名花，逐步努力使之国产化，以便赋予中华特色，适应中国环境和当地需要，并力争花样翻新，精益求精，青出于蓝而胜于蓝。

陈俊愉对花卉产业的工作提出了花卉“新四化”：传统名花国际化、世界名花国产化、野生花卉引种驯化（图1-27）、花卉业规模经营化。如此，全世界的花卉事业包括它的文化、科学、产业化等，都会因为中国的参与和主导而大大奋进！

参考文献

陈俊愉. 关于尽早确定梅花、牡丹为我国国花的倡议书[J]. 园林, 2005(10): 54-55.

陈俊愉. 跨世纪中华花卉业的奋斗目标: 从“世界园林之母”到“全球花卉王国”[J]. 花木盆景(花卉园艺), 2000(1): 5-7.

陈俊愉. 面临挑战和机遇的中国花卉业[J]. 中国工程科学, 2002(10): 17-20, 25.

陈俊愉. 艺菊史话[J]. 世界农业, 1985(10): 50-52.

陈晓丽, 吴斌, 张启翔, 等. 纪念陈俊愉院士[J]. 风景园林, 2013(4): 18-51.

姜良宝, 陈俊愉. “南梅北移”简介: 业绩与展望[J]. 中国园林, 2011, 27(1): 46-49.

金荷仙, 刘尧, 刘青林. 中国工程院资深院士、本刊顾问陈俊愉先生逝世[J]. 中国园林, 2012, 28(6): 69.

金荷仙. 育出新花艳人间, 国际登录梅第一: 记著名园林植物学家、园林教育家陈俊愉院士[J]. 中国园林, 2007(9): 1-4.

李庆卫. 梅花北移的理论与实践: 纪念陈俊愉院士[J]. 中国园林, 2012, 28(8): 42-45.

铁铮. 报春老梅陈俊愉(下)[J]. 中国花卉盆景, 2006(8): 32-33.

铁铮. 老梅报春[J]. 生态文化, 2006(3): 36-38.

张启翔. 花凝人生香如故: 深切怀念陈俊愉院士[J]. 中国园林, 2012, 28(8): 20-22.

赵梁军, 宿有民. 我国花卉种业现状与发展战略[J]. 中国农业科技导报, 2003(2): 18-23.

第二章

冰雪红梅绽：学术思想美中华

第一节

育种体系，改革创新

一、改革名花走新路

陈俊愉指出，要改革名花的传统应用形式，如菊花的传统应用形式为盆栽，可将其引入花园作为绿化的重要植物材料。

菊花是全球生产总值最高、栽培品种最多的花卉之一，陈俊愉首先搞清和理顺了其起源与传播发展轨迹。菊花先是由我国野菊、毛华菊及紫花野菊等天然杂交后，再经我们先人不断选育而来。他总结了菊花品种繁多、花色丰富、花大色艳等优点，以及抗逆性不够强、不耐粗放的露地栽培管理与不适大规模栽种等缺点，立志对其进行改良。还培育出了可饮用的茶菊，兼具观赏、绿化、经济三大功能，有望大规模推广种植。

针对城市绿化中的二次扬尘，需要迅速扩大绿化面积，解决“宏观绿化”“粗线条彩化”以及提高绿化植物的抗逆性与适应性等问题。陈俊愉勇于创新，在菊花和月季育种上走了一条与众不同的道路。他认为，长期以来，菊花育种偏向于花大、色艳、重花容、好重瓣等品质因素，造成菊花仅限于盆栽、本身抗逆性差、管理要求高等缺点。他要把菊花从花瓶、花盆中解放出来，为城市大环境服务。他选育出地被菊，经过在北京的主要大街、公园、学校、广场等地方的试验栽培，表现良好，被誉为“骆驼式花卉”。经过近几年的区域试验，地被菊品种在北京、河北、山东、天津等省（自治区、直辖市）及沈阳、吉林、呼和浩特等市（区）生长良好，有些抗寒品种在乌鲁木齐和哈尔滨也能不加保护露地越冬，为三北地区园林绿化提供了很好的植物材料。在陈俊愉领导下选育的地被菊品种已达70多个，花色丰富，琳琅满目。这种选育地被菊新品种群的方法和思想对其他观赏植物的选育方向，有明显的指导意义。这个研究项目于1989年10月通过了北京市科学技术委员会组织的鉴定，并于同年在第二届全国花卉博览会上获科技进步奖二等奖，又于1991年获北京市科学技术进步奖二等奖。

二、改造洋花为中华

陈俊愉对洋花的态度是：引入洋花，与中国原产的植物种质资源杂交，获得既具有洋花优良品质，又适应中国气候的新品种，从而既可以摆脱中国对进口花卉的依赖，又可以培养出适宜中国气候的花卉。

我国早在20世纪初叶，即被西方誉为“世界园林之母”。的确，中国既有丰富多彩的野生花卉种质资源，提供观赏植物新品种的遗传多样性潜力，又有梅花、牡丹、芍药、月季、菊花、山茶、杜鹃花、报春花等名花，且从中国传播到全世界。但是，现在却出现了两个怪现象：①近10年来，洋花大量涌入我国，形成了郁金香热、非洲菊热、鹤望兰热乃至热带观叶植物热等，压得“民族花卉”喘不过气来；②当前，引种并快繁洋花成了花卉开发的主流，于是举国上下追求外国最新品种（含“回娘家”的改良品种，如月季花、杂种百合、大花蕙兰等），一方面置民族花卉于极端冷落的处境，另一方面则年年要用宝贵外汇向外国高价购置新品种与种球（鳞茎）。尤其像从荷兰大量购买郁金香球，受病毒感染、品种退化等因素影响，必须年年重新购入，实为饮鸩止渴之举。我国原产15种野生郁金香，大可作为远缘杂交育种之重要基础。如以之与栽培良种授粉杂交形成杂种一代（F1），可望改造洋花使之适合我中华风土，从根本上变被动为主动。

以郁金香为例，中国进口的郁金香球只能用1年，之后就会退化，而且虽然中国广泛种植郁金香，但郁金香并不适宜中国所有的气候。

我国居于东亚季风区，夏长而湿热，与欧洲之夏短而干凉大异其趣。故风土不宜引发病弱退化，是荷兰郁金香在我国开花1次即退化的致因。

荷兰是“栽培郁金香的王国”，东欧、西亚及我国新疆等地是野生郁金香的分布中心，要组织专人分批亲临现场重点调查、搜集、引种、栽培优良品种和种质的郁金香。

在很多人的意识里，郁金香仿佛是荷兰的代名词。然而，郁金香并不起源于荷兰，我国新疆地区才是郁金香的起源地之一。我国的野生郁金香资源通过丝绸之路传到土耳其，然后传到包括荷兰在内的欧洲国家。

如今，在经过20多年的努力后，我国选育出由中国野生种与国外优良栽培品种杂交而成的郁金香新品种，填补了我国无自主知识产权郁金香品种的空白，并建立了国家郁金香种质资源库。

我国郁金香市场长期被国外种球统治的被动局面将被打破，“中华郁金香”有望在祖国大地绽放。

“通过中、西种间远缘杂交，育成适宜东亚的‘中华郁金香新品种群’。”陈俊愉曾这样说。通过花卉科研形成产业创新，实现以花卉报国的理念，是陈俊愉一直以来的追求，充分体现了陈俊愉的爱国情怀，郁金香如此，其他花卉也是。在我国科研人员的共同努力下，这个目标终将实现。

三、选拔野花进花园

陈俊愉指出，对于野生花卉资源，不能直接挖掘使用，这样会破坏环境资源，需要通过引种育种获得新品种，不仅仅可以保护珍贵的花卉资源，还可以大大丰富可使用的园林品种。野花是野生的，适应性和抗逆性强。很多野花是中国原生的种质资源，通过筛选野生种进行栽培繁殖，丰富花园材料。但野花的观赏性相对较弱，只有把野花栽培繁殖成植株，进行人工栽培，才能将其引入园林。

陈俊愉以我国野生花卉做亲本，通过“野化育种”，培育出具有抗逆性与观赏性的金花茶、月季和地被菊等花卉新品种。

陈俊愉始终抱着“我们更需要较多的‘抗性’花卉与观赏植物——万紫千红，随遇而安，为更多的人民群众献出一片芬芳”的信仰，一直在为培育出具有本国野花顽强生命力与高审美价值的花卉新品种而不懈努力，让天下人共赏中国原产花卉。从陈俊愉对金花茶等花卉品种的科研工作中，可见他的独特视野与良苦用心。

在育种工作的具体操作上，陈俊愉也提出了相应的方法。以往的选种工作在决定和掌握选种标准方面，常因地因人而有很大的分歧，缺乏统一的原则和合理的制度，因而在一定程度上影响了选种工作的效果。1954年，陈俊愉在进行柑橘单株选择育种的实践中首次提出利用“百分制记分评选方法”（简称“百分法”）进行选择并获得柑橘优良品种。这一方法的提出对于育种工作极为重要：第一，该方法克服了以往选择育种中使用的标准不够全面、只片面强调一二特点的重要性，因而不能达到综合选种目的的缺陷。这一方法在考虑主要育种目标的同时兼顾其他特点和特性，入选品种除了在主要目标性状上表现优良外，在其他综合性状上也表现良好。第二，这一数量化、标准化选择方法的应用克服了以往进行株选时所拟定的标准比较笼统、缺乏具体尺度、受人为影响因素较大等弊端，育种效果统一，可以在育种者之间交流。第三，通过赋分将育种的主要目标性状和次要性状区分开来，使得选种工作主次分明。

百分法要求育种者依据客观、全面、简单、明确的原则制定选择标准。其提出的数量化、标准化和综合评价的思想为后来的育种工作指明了方向，特别是随着现代生物技术的发展，越来越多的育种手段被用于育种工作，多层次、多种、多样数据的引入，综合评估数学模型的使用都显示出这种选种思想的正确性。此后，陈俊愉带领研究生将这一单株选择方法用于抗寒梅花、地被菊、刺玫月季、金花茶等多种园林植物的优良品种选育中，获得成功。

陈俊愉在育种实践中还特别强调栽培与育种相辅相成。在育种工作中强调培育、选择、实生选种的综合作用时，栽培是育种的基础，育种是栽培的提高。园林植物应用既要有“良种”，又要有“良法”。总之，二者相辅相成，相得益彰。在传统的花卉栽培中，关于育种三环节——培育、选择、杂交，古来一贯重视培育是前提，选择是关键，并突出实生选种，因花卉大多为天然异花授粉植物，故多已实现了杂交。陈俊愉多次举例说明，加强选种和栽培在我国自古即倍加重视，这为出现并积累变异提供了条件。如牡丹中的复瓣品种‘一百五’‘一捻红’演变为重瓣品种，单瓣品种‘甘草黄’因名园培育条件良好，也变成了重瓣品种，为牡丹品种由单瓣逐渐演化成复瓣乃至重瓣，提供了有力的例证，说明优越的栽培条件是加速品种花形演化过程的重要动力。早在900多年前，刘蒙（《菊谱》作者）亦已认识到在培育结合选择的作用下，菊花、牡丹、芍药等花卉可产生重瓣大花等变异，从而为中国花卉育种打下了坚实的基础。

陈俊愉的育种成果还在于始终坚持系统育种的思想，而不是孤立的某一项技术或者方法的应用。陈俊愉将育种工作总结为如下几个重要的育种环节：①科学制定育种目标；②合理利用种质资源；③利用多种手段开展种质资源创新；④采用科学方法进行良种选择；⑤坚持品种试验，包括品种试验（即鉴定优良品种的品种特性）和区域试验（鉴定优良品种的适生范围）；⑥良种结合良法，研究适宜优良品种生长的配套栽培技术措施。在这种系统育种思想的指导下，园林植物育种工作避免了盲目性、随意性，取得了事倍功半的效果。地被菊和抗寒梅花品种的育成恰恰是陈俊愉身体力行坚持系统育种思想取得的成果。

以月季为例，陈俊愉很早就对月季育种萌生多个梦想，其中“为干旱寒冷地区选育露地栽培月季新品种”已付诸实践。他充分利用我国野生蔷薇品种和我国古老月季品种与现代月季远缘杂交，获得了10个抗寒、抗旱、抗病虫害、四季开花的月季新品种，如‘珍珠云’‘雪山娇霞’等，其中‘雪山娇霞’还有望培育成为天然树月季，为祖国花卉事业作出新的贡献。

四、中国名花产业化

陈俊愉指出，花卉研究不能仅仅停留在科研上，需要繁殖推广，在他的协助推动下，各个花卉协会得以成立，包括中国梅花蜡梅协会、中国牡丹协会、中国月季协会、中国荷花协会（现为中国花卉协会的各分会）。协会成员包括教学单位、科研单位、生产单位、农民、艺术家，促进花卉各行业的人相互交流，加强产业融合，形成产业链，从而大力扶持各个花卉产业。

以兰花为例，在兰花博览会上，陈俊愉指出兰花是兰科植物的总称，是仅次于菊科的一个大科，是单子叶植物中的第一大科。陈俊愉在《中国花卉品种分类学》记载，兰科植物分布广泛，全球有约1000属，近2万个种，人工杂交种在4万个以上，其中我国占166属1019种。兰属植物大体可分为地生兰和附生兰两大类，也有少数种类既可附生也可地生，如兔儿兰。地生兰类，如春兰、惠兰、寒兰、建兰、墨兰、莲瓣兰、春剑等，在野外一般见于腐殖质与砾石较多的地方；而附生兰，如虎头兰、碧玉兰、硬叶兰、冬凤兰等，则生于树干或岩壁上，靠根部和叶片从残留于植株局部的枯枝落叶、苔藓及其他有机质和空气中吸取养分和水分。

兰花的很多品种花形奇特，色彩丰富，具有很高的欣赏价值。兰属花卉是兰科植物中应用价值较高的属之一，全世界有50~60种，我国约有31种，是世界兰属花卉分布中心之一。我国地跨热带、亚热带和温带3个气候带，并且具有复杂的地理环境，不仅具有多个兰科植物区系和生态类型，并且还存在着许多兰科原始类群。特别是中国拥有广阔的亚热带地区和素有“世界屋脊”之称的青藏高原等独特地理区域，其相应的兰科植物区系也是世界上独一无二的。中国的野生兰花中有许多是世界级的花卉种类，如兜兰属、杓兰属、独蒜兰属、兰属、万代兰属和石斛属等。

陈俊愉认为，中西方人士对花卉欣赏的标准和重点大不相同，国人强调品格、意韵，尤重香气，认为“香乃花魂”；西方人更注重花的外在魅力，他们通常满足于形色之美，于是近百年来，西方人从我国引进的均为大花种类，如芍药、牡丹、月季、玉兰类、菊花、荷花、珙桐、栀子花、山茶花、杜鹃花等。而最能代表中国花卉民族特色的小花和香花，他们却很少过问，引种栽培者罕见。而这恰恰为我国小花、香花打入国际花卉市场留下了特殊的机遇。

陈俊愉还指出，兰花有一定经济价值，具有商品性，中国兰花交易活动由来已久。据史料记载，东晋开始，交换与出卖兰花兰苗的活动相当广泛。到了唐代，出现专门以植兰和售兰为生的花农。清代的兰花已经有具体成交的事例记录在史。清嘉庆年间，大一品自入江南，被视为蕙兰之花魁，富商崔怡亭欲以3000两黄金进行交易，仍未打动爱兰人，足显兰花之珍贵。战争期间，中国兰花的交易受到了一定程度的影响。1987年，中国兰花协会成立后，兰花交易进入一个全盛时期，精品交易、统货出口和消费花经营都呈现良好的发展态势。

洋兰属热带、亚热带附生兰，是当今风靡世界的室内高档观赏花卉。它花大色艳，花形奇特，花期数月，清洁卫生，品种众多，适于室内种植，具有极高的观赏价值。近年来，我国各地引进洋兰栽培繁殖供应市场，蝴蝶兰、大花蕙兰、卡特兰等已经成为花卉市场的主打产品，洋兰市场是兰花市场的重要组成部分。随着洋兰生产技术的不断发展，洋兰价格亦有走低的趋势，因此，洋兰生产企业必须增强品类多元化，推出企业特色产品，最大程度平衡市场风险，最终保证洋兰市场的健康发展。

国兰，通常是指兰属植物中的一部分地生种。包括春兰、蕙兰、建兰、墨兰、寒兰、春剑、莲瓣兰七大系列。国兰市场由3个市场消费主体组成，即珍奇品种市场、大众品种市场和大众消费市场。传统上国兰中的珍奇品种数量较少、价格较高，只能满足少数消费者的欣赏需求，市场覆盖面较小。国兰大众品种价格不高，但由于购买者多以欣赏和爱好为目的，市场覆盖面虽然较珍奇品种市场大得多，但真正的消费行为亦少，因此，这类品种的市场同样不会出现花卉消费行为。国兰大众消费市场，具有市场覆盖面广、价格可为普通消费者接受、市场需求稳定等特点。从市场角度而言，我国兰花市场应以大众消费市场为基础，吸引消费者、兰花爱好者的加入才能够使大众品种市场不断扩大；大众品种市场扩大，人们对兰花了解不断深入，才有可能涉及国兰的珍奇品种市场。

目前，国际兰花市场大多以洋兰为主，国兰在国际兰花市场所占份额较少，主要是国外人对国兰及其文化了解较为匮乏，国兰市场亟待发展。陈俊愉认为，改革开放以来国内风气多半是西学东渐，现在应该到东学西渐的时候了。在花卉产业方面的表现尤其如此：如情人节是西方的传统节日，现在已经成为中国年轻人普遍接受的节日，成为引导月季切花消费的主要节日。如何东学西渐呢？可以借鉴日本人让盆景国际化的事例：

盆景艺术起源于中国，唐宋时期传入日本。在中国文化的影响下，日本逐渐形成了具有民族特色的盆景艺术。1908年，在伦敦举行的英日博览会上，日方展出7盆真柏、松类与枫类盆景；1937年，法国博览会上，日方展出80余盆盆景，并且获得金奖。日本盆景真正步入国际化始于第二次世界大战后，在1970年大阪举办的万物博览会上，以日本政府举办的盆景与山石博览会作为契机，外国人真正认识到了盆景艺术的魅力。日本盆景打开了国际市场，在世界盆景市场上，目前日本盆景占有份额世界第一。日本盆景的发展模式值得国兰借鉴。

第二节

品种分类，二元先河

一、开创花卉品种二元分类体系

尽管梅花是我国原产的传统名花，具有3000多年的栽培历史，但以前对其种质资源（包括野生、栽培）尚未有人将之摸清。陈俊愉将毕生精力投入于此，终于以个人努力并组织团队协作共同摸清了我国野梅、古梅资源的分布和梅花品种资源情况。1989年出版的《中国梅花品种图志》收集了137个梅花品种，每一个品种各附彩色照片和详细的文字记载，是一本图文并茂的专著，在海内外学术界产生了深远的影响。1996年出版的姊妹篇《中国梅花》，又收录了梅花品种190个，合计323个（其中有4个品种重复）。陈俊愉长期致力于梅花品种分类的研究，早在1947年出版的《巴山蜀水记梅花》一书中，陈俊愉就把梅花分为六大类，共35个品种。后来在此基础上不断改进充实，陈俊愉创立了中国梅花品种分类新体系。他把梅花按种型分为3个系（真梅系、杏梅系和樱李梅系），按枝姿分为5类（直枝梅类、垂枝梅类、龙游梅类、杏梅类和樱李梅类），按花形、瓣色、萼色等分为18型（品字梅型、小细梅型、江梅型、宫粉型、玉蝶型、黄香型、绿萼型、洒金型、朱砂型、粉花垂枝型、五宝垂枝型、残雪垂枝型、白碧垂枝型、骨红垂枝型、玉蝶龙游型、单杏型、春后型、美人梅型）。这一新分类体系科学性强、明确适用、留有余地，又可指导生产、预测育种结果等；既根据进化观点，又适当结合观赏形态及栽培应用，两者兼顾，前者为主、后者为次，称为“二元分类法”。目前，此法已在牡丹、芍药、桃花、山茶、荷花、紫薇、菊花、榆叶梅等花卉的品种分类中广为应用，成为品种分类的中国学派。

为了与国际接轨，陈俊愉接受了《国际栽培植物命名法规》（第7版）的各项规定，在梅种之下设11个品种群（图2-1），即单瓣品种群、宫粉品种群、玉蝶品种群、绿萼品种群、黄香品种群、跳枝品种群、朱砂

（a）单瓣（江梅）品种群（Single Flowered Group）：'江梅'

（b）宫粉品种群（Pink Double Group）：'小宫粉'

（c）玉蝶品种群（*Albo-plena* Group）：'素白台阁'

（d）绿萼品种群（Green Calyx Group）：'小绿萼'

（e）黄香品种群（*Flavescens* Group）：'曹王黄香'

（f）跳枝品种群（洒金品种群）（*Versicolor* Group）：'晚跳枝'

（g）朱砂品种群（Cinnabar Purple Group）：'水朱砂'

（h）垂枝品种群（Pendulous Group）：'粉皮垂枝'

（i）龙游品种群（*Tortuosa* Group）：'龙游'

（j）杏梅品种群（Apricot Mei Group）：'燕杏'梅

（k）美人（樱李梅）品种群（Meiren Group）（*P.* × *blireiana*）：'美人'梅

图 2-1　梅花品种群分类及其代表性品种

品种群、垂枝品种群、龙游品种群、杏梅品种群、美人品种群，将“种系”改为品种群，原定类、型等级俱作废，仅在品种命名时予以表达。如‘金钱绿萼’梅之国际表达为*Prunus mume*‘Jinqian Lve’，可知它原属真梅下之原直枝绿萼型。

二、推动建立花卉种质资源圃

陈俊愉对中国观赏植物的种质资源有着全面深刻的了解，对这些种质资源的优势与问题看得清清楚楚，对于极具开发潜力的种类如数家珍。他多次提到1929年英国植物学家威尔逊（E. H. Wilson）在美国出版《中国，世界园林之母》（*China*，*Mother of Garden*）一书，从此，我国即以“世界园林之母”和“全球花卉王国”的美誉闻名世界。但在相当长的时期内，中国花卉科研工作特别是花卉育种工作滞后，以致改革开放以来，洋花洋草充斥着国内市场，在各类园林植物中，舶来品占据重要地位。陈俊愉惊呼：“这是在捧着金饭碗讨饭呀！”他做呼吁、提建议，力求国人提高认识，尽快改变现状。他说小花种类正是我们中国花卉资源中的精华和特色，要作为“拳头产品”，推向国际舞台。

中华传统花卉要想走向世界，要想更好地运用于花卉产业与园林产业中，必须厘清“花从哪里来？”的溯源问题。种质资源是发展生产的命根子，一旦断种，可能永不再现，那将让人后悔不及。针对我国珍贵而丰富的花卉种质资源面临散失甚至绝种的问题，必须做好种质资源的保护与利用工作。对我国花卉多样性进行调查研究，提高花卉的适用性与抗逆性，野生种质资源是应该充分加以利用，并发挥其巨大潜力的。为此陈俊愉专门写了《关于我国花卉种质资源问题》一文来探讨此事。他也一直致力于种质资源的调查与研究工作。陈俊愉针对传统花卉种质资源工作提出了以下呼吁：

一是突出重点，首先抓好花卉种质资源的调查、抢救和搜集工作。由于断种、散失之事层出不穷，当务之急是先由原有专业机构有重点地先抓种质资源的抢救工作。对于传统名花，应首先明确任务，大力抢救，并将抢救与调查、搜集三者相结合，分区建立花卉基因库或花卉种质圃。在品类上，应重视中华特产香花、小花，这也是之前一直忽略的。对野生花卉进行引种驯化。

古树资源深刻是我国文化自信的重要组成部分。古树是研究中国历史和文化、科学技术史的重要实物和印证，通过这些“活古董”可以追溯过去千百年的气象、气候、天灾等自然变化。它们又是研究园林树木生态习性、生物学特性的宝贵材料。这些古树也是对人民群众进行爱国主义教育、提高中华民族的自豪感、普及科学文化、丰富文化生活、开展对外科技交流的好教材。对于濒危的珍贵品种和古树名木，应当积极开展园林古树资源的调查，大力抢救、保护和适当繁殖，让古树焕发青春。

二是建立并健全花卉种质资源体制，统一领导，制定规章制度。可考虑由国家科学技术委员会（现在的科学技术部）成立国家花卉种质资源委员会，分区成立几个花卉种质资源研究中心，开展调查、搜集、保存、研究、利用及国内外交换等工作。成立“国家生物资源保护、鉴定与专利局”，统筹动植物种质资源（含品种）调查、保护专利与奖励事宜。除设专门机构，由专人调查、负责外，还应对窃取新品种和珍稀资源者予以惩罚，鼓励群众举报不法行为，并给予奖励。对于各地时有发生的破坏古树名木之事，应迅速制定保护古树名木法，把它们当作活的文物那样保护起来。

三是组织专人在国内外重点开展花卉“远征”搜集和专属、专种的资源搜集的研究工作。国家花卉种质资源委员会参加联合国国际植物种质资源委员会组织，尽快引进现代科学技术和种质资源，促进深入开展花卉种质资源研究工作，进行种质资源的国际交流。

四是在搜集和抢救花卉种质资源的同时，必须大力保护当地野生和栽培的种类和品种，切忌掠夺性的搜集。可适当地把搜集种质资源工作和花卉出口、扩大外汇收入业务联系起来。

对于野梅资源，陈俊愉自己并组织专人作了系统调查，把中华人民共和国成立前外国专家定名的变种、变型等，均在国内找齐，并做若干补充；对于古梅，则组织专家作了调查、研究和鉴定，纠正了不少流传错误（如隋梅、唐梅、宋梅等）。

陈俊愉主张花卉种质资源圃不能只建立1处，而至少应有3处（武汉、北京、无锡），便于保护种质资源，对研究种质资源特性有着特别的价值：一是保险性，二是地域性。早在1950年任教武汉大学园艺系期间，陈俊愉就被武汉市政府聘为筹建武汉东湖风景区磨山梅园的顾问，为中华人民共和国梅事业的摇篮——磨山梅园献计献策。在陈俊愉的建议与努力下，1991年在武汉成立了中国梅花研究中心，后又建立了8hm^2的梅花品种资源圃，现在该梅园既是全国四大梅园之一，又是梅品种国际登录的重要基地。园内有一组二人“梅友”的雕像，其中手执梅枝专心探讨的老人就是陈俊愉。

另外一个融教学、科研、科普、旅游、文化等于一体的梅园——鹫峰北京国际梅园（梅品种国际登录精品园），在陈俊愉的积极倡导和主持下，目前已经建成开放。

金花茶是特产于我国的世界珍稀濒危植物之一，自20世纪60年代初在广西被发现之后，举世瞩目。以陈俊愉为首的金花茶研究组从1973年底开始对其进行研究，通过探索性杂交育种、原产地野外远缘杂交、基因库杂交试验及优株选种，到组织培养、继续杂交试验、引种北移及花药培养等综合提高等阶段，前后延续长达20年之久。在他的领导和安排下，在广西南宁建立了2座金花茶基因库，又研究成功多种金花茶营养繁殖方法，并取得金花茶由珠江流域引种到长江流域的突破。以他为首的“金花茶繁殖与基因库建立”课题获（1990年）林业部科学技术进步奖一等奖、国家科学技术进步奖二等奖以及第二届全国花卉博览会科技进步奖一等奖等。

2003年12月26日，“关于恢复建设国家植物园的建议”由侯仁之、陈俊愉、张广学、孟兆祯、匡廷云、冯宗炜、洪德元、王文采、金鉴明、张新时、肖培根等院士联名向中央提出。建议称，中国作为世界植物宝库，理应建立一座具有国际先进水平的国家植物园，以全面搜集和展示中国丰富的植物资源，保护生物多样性，同时开展科普教育，提高国民科学素养。这一建议在2022年得以实现，2022年4月8日，国家植物园在北京正式揭牌，标志着国家植物园建设翻开了新的篇章。依托中国科学院植物研究所和北京市植物园的现有相关资源，国家植物园构建南、北两个园区，统一规划，建设可持续发展的新格局。国家植物园的定位为集植物多样性研究、资源保护与利用、科普教育等功能于一体的综合机构，代表国家植物科学研究和迁地保护的最高水平，是保育濒危植物的诺亚方舟与战略生物资源的储备库，是国家生态文明的象征。国家植物园的建设与陈俊愉的理念不谋而合。

三、中国栽培植物品种国际登录先河

国际植物（品种）登录，在推动世界园艺界的发展中起着重要的作用。然而，在1988年以前，中国作为“世界园林之母”，却没有拥有一个园林植物品种的国际登录权威。

陈俊愉心怀报国之志，通过自己的努力，精心准备各种材料，最终在3次国际高端会议之后，终于使国际登录权威也有了中国的身影。陈俊愉主持召开了7次梅品种国际登录年会，出版了3本梅品种国际登录年报（双年报），展示出了国际梅品种登录中心的招牌，为品种正名，给品种定论，统一品种名称，到2010年为止，正式登录的品种超过400个，也为中国获得国际植物殊荣奠定基础。但陈俊愉并没有因此而满足，他在梅花品种国际登录工作逐步就绪后，又开始考虑该如何为我们国家争取更多新的国际登录权威。他认为较有把握争取的有木樨属、蜡梅属、荔枝属、龙眼属、银杏属及紫藤属等，需要有关部门和专家及时做好充分的准备，然后提出申请。几年后，南京林业大学向其柏教授等被批准为木樨属植物及桂花品种国际登录权威，又一次取得突破，他为此信感高兴和欣慰。他在2009年春节前给笔者的来信中谈道："近年，在中国园艺学会成立了园艺植物命名与登录工委会，努力推动中华名树奇花加入国际登录权威行列。除梅花外，近有桂花成为第2个国际权威。力争21世纪50年代之前，有两位数的权威，即10个以上，在世界上与英、美并列三巨头，在传统名花开发与走向世界方面作出贡献。"目前，中国已有的登录权威为梅花、桂花、蜡梅、海棠、姜科、竹类、荷花、秋海棠、山茶，离陈俊愉定下的目标越来越近。

四、推动中国名花国际化

中国花卉长期以来已为世界各国的园林绿化及花卉生产提供了大量素材，对世界园林艺术的发展作出极其重要的贡献。世界级植物学家威尔逊多次到我国采集野生植物，主要是观赏植物。由他直接或间接从中国引种、繁殖、推广、应用的全新植物达1000种以上。中国名花不仅仅是花卉，更是文化，代表一种软实力。名花国际化过程也是提高中国软实力的过程，扩大了中国在世界上的影响力，带动了花卉贸易。

自古以来，中国人便是观赏花卉的大师。中国人很早就与树木花卉结下了不解之缘。中国人在花木配置观赏中，除了生态效益、造景功能外，更以花言志。如赞赏荷花"出淤泥而不染"，推崇松、竹、梅之"岁寒三友"精神，等等。此外，中国人赏花注意趣味、意境和联想，强调"花人合一"，追求意与境、情与景、心与花、品与香的交流。欧美人赏花，多重花形奇特、花朵硕大、花色艳丽，对切花更强调梗长花挺。而中国人除了赏花的姿与色外，更重视花香与神韵。清人郑板桥之"室雅何须大，花香不在多”与今人的“香是花魂”虽谓古今，却有异曲同工之妙。国人欣赏花卉，是用五官乃至全身心投入。宋代陆游的《梅花》诗云：“当年走马锦城西，曾为梅花醉似泥。二十里中香不断，青阳宫到浣花溪。”赏梅赏到“醉似泥”的程度，若非引发了全身心的陶醉是不可能的。

总而言之，历史上诸如此类文学作品层出不穷，可见我国花文化历史悠久，又极为发达，其辉煌成就蔚为壮观。

陈俊愉曾说过，在美国和欧洲各国的公私园林中，没有一处未种中国代表性的植物，包括最好的乔木、灌木、草本植物和藤木。凡是引种植物的国家都栽有中国的花卉。如英国爱丁堡皇家植物园有中国原产的活植物1500种，其中杜鹃花就有309种，是该植物园最珍贵的花木。北美引种中国的乔灌木在1500种以上，意大利引种中国园林植物约1000种，美国加利福尼亚州、德国、荷兰的树木花草分别有70%以上、50%、40%由中国引入，日本引种的种类也很可观。同时，这些国家把月季、珙桐、芍药、牡丹、菊花、玉兰花、百合、杜鹃花、山茶、八仙等大花种作为重要的杂交亲本，大加改良，扩大应用，育成新品种后用于生产推广。另外，中国盆景在国际市场上也有较强的竞争力，已取得系统性的成果。

在我国百余年积弱之后，很多人在一定程度上磨灭了民族自尊心，误以为凡是洋的都是好的。改革开放后，国门开放，使得大量洋花、洋草涌入，国产传统名花中小花、香花受到挤压，西方一些国家甚至利用我国土地成本与劳动力廉价的特点大销洋花、洋草和洋树。同时，出外访问的学者和领导对祖国园林的优良传统及其在世界上的地位和影响了解甚少，看到欧美园林的宏伟壮观、整洁美观就盲从欧美，不仅学不到西方园林种植以及植物造景的精髓，反而流于表面；更有甚者对欧美园林中某些过时的、不恰当的东西不加选择地照搬不误，画虎不成反类犬，逐渐造成了外来花卉压倒国产名花、西方园林风格盖过我国园林风貌的现象；甚至使基础种植这原是我国传统造园中的一项优良种植方式在当今城乡园林中几乎消失殆尽，直到现在这种情况还有增无减。陈俊愉慨叹：“世界园林之母落到如此地步令人不胜感慨！”

针对上述问题，陈俊愉作出以下部署，一方面是发展有中国特色的花卉产业，将发展民族特产花卉与弘扬民族文化结合起来；另一方面也要积极同国际交流，引进推广国际良种，加强育种改良。大力推动产学研一体化，重视培育新品种，加强对从业者的培训，使得花卉更好地服务于人。

陈俊愉指出，要让花卉走进人的生活，科普教育很重要，不仅在园林教育科研中加强观赏植物的占比，也要在国民生活中普及花卉教育，如加强植物园的花卉引种、繁殖、栽培，创办花卉博物馆，举办综合花卉展，等等。

陈俊愉积极推广中华花文化，他致力于梅花与蜡梅的研究，他认为“两梅”应该是面向世界的，从孤芳自赏的小花香花，转变为走向世界的中华传统名花。

陈俊愉呼吁同行努力工作，除梅花外，更多申请参加国际品种登录，尤其在我国要力争获得一些新的国际登录权威，让我国与世界更多国家在植物品种及其应用上多多交流。

与此同时，陈俊愉致力于种质资源的调查研究，他撰写了《关于我国花卉种质资源问题》一文，一方面解决了中华传统花卉的溯源问题；另一方面提高了花卉的适用性与抗逆性，促进了我国花卉多样性的发展。

第三节

教产结合，造福四方

一、科研服务国家战略

陈俊愉认为：“在教学环节中要贯穿爱祖国、爱人民的教育，通过业务实际体现爱国主义。这样培养出来的园林人才，才是国家、社会、人民所需要、所欢迎的。”陈俊愉始终强调“不要拿着金饭碗讨洋垃圾”，他的科研命题是“改革名花走新路，改造洋花为中华”，以期实现“传统名花国际化，世界名花国产化，野生花卉引种驯化，花卉业规模经营化”，“为抢救和利用我国花卉种质资源而努力奋斗”，实现“中华花卉全面复兴和领先的大好局面”（图2-2~图2-12）。

1982年，陈俊愉提出要建设“中国气派、社会主义性质的风景区，在形式和内容上都应有其特色。要民族化，且有地方特色，要保护历史文物古迹和古树名木，不要全盘西化，也不要到处一般化。”

2002年，在论及生态和文态的关系时，陈俊愉指出：“我国是世界上唯一一个文化历史没有中断的文明古国，这是古埃及、古希腊、古罗马、古印度等古国所不能比拟的。我国的文化传统精华浩如烟海，可以继承、弘扬和研究的不胜枚举，而这些不是生态所能包含得了的。当然，我们要用今天的眼光来看待传统的东西，赋予优秀传统文化以时代的精神。”

陈俊愉在大学里当了一辈子的老师，在自己作出了硕果累累的科研成果的同时，也为祖国培养出了许多人才。金陵大学、四川大学、复旦大学、武汉大学、华中农学院，都曾留下了他教书育人的身影。他在北京林业大学工作时间最长，达55年之久，他是中国园林植物与观赏园艺学科的开创者和带头人、园林植物专业首位博士生导师。半个多世纪以来他培养了25位博士研究生、31位硕士研究生，本科生难计其数。其中，许多学生已成为我国园林事业的中坚力量。

图 2-2　山东莱州宏顺梅园（朱志奇 供图）

图 2-3　青岛梅园（李庆卫 摄）

图 2-4　山东沂水雪山梅园梅石刻长廊（雪山梅园 供图）

图 2-5　山东淄博腾蛟园艺场梅花小盆景（周钦钰 摄）

图 2-6　上海淀山湖梅园（梅村 摄）

图 2-7　上海浦东世纪公园 1（梅村 摄）

图 2-8　上海浦东世纪公园 2（姜良宝 摄）

图 2-9　上海莘庄梅园（俞善福 摄）

图 2-10　中国台湾苗栗县胡须梅园（李锦昌 摄）

图 2-11　中国台湾苗栗县胡须梅园“梅开五福”（李锦昌 摄）

图 2-12　无锡梅园（李庆卫 摄）

正如陈俊愉的学生、原北京植物园园长赵世伟所说："陈俊愉院士讲课总是把爱国主义贯穿在专业教育中。在他的眼里，一花一草都和祖国的过去和未来紧密联系在一起。他讲过遗传学、观赏园艺学、普通植物学、园林建筑学等十余门课程。他随时注意吸收国内外园林花卉研究的最新成果，旁征博引，丰富生动。"

陈俊愉从20世纪40年代初执教，在教育战线上奋斗了60多年。凡是听过他讲课的人，无不为他严密的逻辑性、渊博的学识所吸引。他熟谙教育心理学，在讲课时，当学生对某一问题感兴趣而又似懂非懂时，他马上抓住这个契机，谆谆诱导，讲透这个知识点内核，使听课的学生顿时领悟、豁然贯通而感佩服不已。他认为我国的园林教育与科技水平和我国园林在世界上的地位极不相称。我国的花卉资源丰富，但我国花卉研究却在所有生物学科、园艺学科中起步最晚。他虽已年逾古稀，但仍像青年人一样努力拼搏。从20世纪80年代初开始，他把主要精力用于培养博士、硕士研究生。他认为，博士应立足于我国自主培养，但施教者又必须持有世界本学科的前沿水平。因此，他制定了把博士生送到国外学习的方案，并照此执行，以弥补单纯国内培养或单纯国外培养的不足。在研究生的教育培养方面，他更是把教书与育人结合起来进行全面培养。

他十分注意国内外园林花卉研究发展的动态，吸取国内外新的科研成果，如生态园林、抗性育种、细胞学、孢粉学、同工酶技术、数量分类学、分子生物学等。直到去世前一个月，陈俊愉还与学生探讨梅花全基因组测序及精细图组装的研究进展，并将分子水平研究成果与抗寒基因表达结合起来研究。这样，不仅使研究生把握住了本学科的方向，而且还更新、充实和丰富了教学内容。如今他的学生遍布全国，成为园林行业的骨干力量。

陈俊愉为人谦逊、平易近人、精力旺盛、热爱教学。他那严谨的治学态度和勇于探索的创新精神，正在激励着年轻一代为祖国园林花卉事业的繁荣昌盛而奋斗。"人类渴望回归自然，城市呼唤办好园林，园林人要以人为本、为人民服务、放下架子、倾听群众，还要真心实意结合专业发展。"陈俊愉朴实的话语中饱含着深沉而又执着的家国情怀。

二、科研服务乡村振兴

（一）青岛梅园

青岛梅园创始人庄实传，1991年投资包下千亩荒山植梅。由于不了解梅花的习性，总是种不活。后来，从电视上知道陈俊愉教授是研究梅花的专家，就到北京来求救。陈俊愉实地考察后，把多年挑选和驯化耐寒梅花的经验亲传庄实传，并且请了种梅的老专家，帮他培训人才，还为他穿针引线从全国引进品种100多个。2008年，青岛梅园已经成了北方最大的梅园。

（二）幸福梅林产业

与此同时，陈俊愉还是成都锦江区幸福梅林产业顾问，刚刚拿到聘书，陈俊愉便对幸福梅林的发展提出了3条颇具建设性的建议：一是建议幸福梅林申请加入中国花卉协会梅花蜡梅分会，并参加在武汉举办的中国第九届国际梅花节和国际梅花研讨会；二是建议幸福梅林学习借鉴山东沂源、湖北武昌等地的经验，大力发展梅花盆景；三是建议幸福梅林发扬四川特色，定制、烧制古朴典雅的花瓶，提升切枝梅花的文化底蕴，提高其经济价值。他还跟国内很多栽培梅花树苗和果梅的大企业长期保持联系。耄耋之年的陈俊愉，忙得高兴，忙得充实。他说：“有人要投资梅花，我们这些专家们就应该全力配合。只是‘躲进小楼成一统’，不就成了孤芳自赏的书呆子了吗？”

（三）唐氏梅园

“疏是枝条艳是花，春妆儿女竞奢华。”走进吉林省公主岭市黑林子镇八岔沟村唐氏梅园，朵朵梅花沐浴着和煦春风，荡漾起绯红的花海，斑斓相间，多彩多姿，一缕缕清香扑面而来，绵绵悠长，沁人肺腑，催人欲醉。

几十年前一次的机缘巧合，唐绂宸结识了陈俊愉。了解到唐绂宸刻苦钻研的“犟”劲儿，陈俊愉提议，让唐绂宸将抗寒梅花引种到东北。这在当时就是一个疯狂的想法，却为唐绂宸打开了一扇探索之门。经历十几年的严寒磨砺、风土驯化，2010年，唐绂宸精心筛选培育的10余种抗寒梅花终于实现了在北方露地过冬。

如今在唐氏梅园里，“满树梅花天下春”已经成为东北大地松辽平原上一道靓丽的风景。那上万株正冲寒怒放的春梅，正如乘风蓄力、千帆竞发的吉林一样，在高质量发展的征途上阔步前行。

如今，抗寒梅花已经在吉林大地生根培植，2018年梅河口海龙湖梅花岛、滨河西街种植大量梅花，形成了独有的梅园景观带，现已成为梅河口市一道美丽的风景。2019年占地42hm^{2}的前郭县查干湖梅园建成，植梅50万株，目前已经成为东北最大的梅园。唐氏梅园在陈俊愉的帮助下立足梅花独有的特色优势，积极组织与“梅”相约、梅花节等活动，大力培育发展“梅花经济”，将生态环保与经济发展相统一，走出一条极具特色的乡村振兴之路。

（四）长兴东方梅园

进入四月，梅花早已凋谢，但走进浙江省湖州市长兴县长兴东方梅园董事长吴晓红的办公室，阵阵暗香扑鼻而来，让人仿佛置身于梅林之中。

经寻觅才发现，这香味来自桌上摆放的一个个瓷瓶。“这是最新研制的梅花原液。”吴晓红颇为开心，“马上就可以量产。”这也意味着长兴红梅产业从花梅升级到香梅，进入到3.0版本。

早在20世纪50年代初，陈俊愉就研制梅花嫁接栽培新工艺，打算在沪上各大公园种植梅花，但最终未能成功。他对长兴东方梅园董事长吴晓红说，如果你能让长兴梅花在上海“安家”，将是一个了不起的贡献！陈俊愉的点拨，让吴晓红开始了向大上海挺进的新征程。

2005年初春，上海世纪公园“乡土田园区”内‘宫红’披翠、‘朱砂’起舞、‘玉蝶’纷飞，美轮美奂。红梅报春的消息不胫而走，数十万市民争相前来赏梅。随后，杭州、武汉、南京、苏州、宜兴、南阳、长沙等全国20多个城市的公园陆续出现了长兴红梅的身影。

短短几年间，吴晓红的东方梅园将基地扩大到了3000亩，分别在上海、云南、河南、安徽、江苏等地建立了10多个梅园。现如今，梅花已是长兴的园艺招牌，一年比一年红火的观赏梅景，把长兴变成了中国最大的“梅园”。

到2017年，长兴共有1.2万余亩红梅，品种60多个，约200万株，惠及农户5000余户。每年销往全国各地的红梅就达10万株以上，年产值逾2亿元。

三、科研服务园林行业

陈俊愉对于我国传统名花具有的突出抗逆性、广泛适应性以及高度观赏性等方面一直盛赞不已。他在《国内外花卉科学研究与生产开发的现状与展望》中提道：我国仍有不少花卉种质资源，具有某些特殊优异之点，却至今很少受到世人之重视，在早花种类能在低温下开花者、四季开花者、花有浓郁芳香者、抗逆性强者等方面皆有许多传统嘉花卉木，有待大力发扬，广泛应用于园林当中。这其中择他提及较多的几种，以梅花、蜡梅、月季为例。

陈俊愉总结我国梅花的十大优点，主要如下：开花早，花期长；傲雪而开；树姿苍劲，花香沁人；花朵及花枝观赏性高；长寿；抗性较强；着花甚易；用途繁多；病虫害较少；梅花文化悠久，民族情感深厚。

另外，陈俊愉把梅花及蜡梅，统称为“两梅”，对它们的共同优点也有总结，如下：花期特早而较长；芳香扑鼻、沁人肺腑；分布广而适应性强；病虫害较少，尤罕致命者；种系、类型、品种繁多；栽培管理较为粗放，花芽甚易形成；用途多种多样；可提炼香精及供药用；等等。

陈俊愉在《八赞月季》中总结历数月季优异之处，可列如下8点：第一，色、姿、香俱上，一株而兼备数美，花卉中罕有能与之匹敌者；第二，四季开花，连绵不绝；第三，各类月季的植株类型千差万别，各具风姿；第四，品类浩繁，丰富多彩；第五，既有美艳之花，亦有可观之叶；第六，适应性强，繁殖容易，栽培管理较简便；第七，观赏价值高，用途广；第八，若干月季品种既富有观赏价值，又兼有一定的经济价值。

陈俊愉在月季、菊、梅领域持之以恒的探索，为多个地区的园林植物选择提供了理论依据。在月季领域，陈俊愉充分利用我国野生蔷薇种和月季品种远缘杂交，获得了‘珍珠云’‘雪山娇霞’等10个抗性强且四季开花的月季新品种，其中‘雪山娇霞’在培育天然树月季上存在着巨大的潜力。

同时，陈俊愉积极探索创新菊花育种，有效解决了城市绿化的问题，通过选育地被菊新品种，有效为北京、河北、山东、天津、辽宁沈阳、吉林、内蒙古呼和浩特等三北地区园林绿化提供了丰富的植物材料，也为其他观赏植物的选育提供了指导方向。

在其热爱的梅领域，陈俊愉也提出了南梅北移的新思想，已将梅花北移2000余km，创造了世界引种驯化史上的一大奇迹。经过50余年的研究探索，育成30多个抗寒梅花新品种，在北京、关外、塞外以及边远地区都实现了梅花露地开花的效果。

四、科研支撑花卉产业

中国花卉资源丰富，驯化历史源远流长，栽培技术精湛，陈俊愉除了对各种传统名花进行品种搜集、整理与分类外，对于百合、蓬草、大丽花、紫薇、醉鱼草、绣线菊、锦带花、山梅花等专属花卉种及品种的搜集和引种，也作出了显著的成绩；在植物品种分类、远缘杂交、栽培、繁殖等方面，亦作了大量工作。

自20世纪80年代以来，我国花卉事业迅猛发展，花卉应用与展销方面也发展甚快，形势喜人。陈俊愉在论文中指出，我国菊花的总产值位列“四大切花”（菊花、香石竹、月季、唐菖蒲）之冠且居首位；金花茶基因库的创建也堪称世界上的创举；月季作为鲜花在国际贸易中位居第二；中国梅花蜡梅协会（1992年改称中国花卉协会梅花蜡梅分会）是唯一一家在全世界将梅与蜡梅并列组成的专门协会，同时创办《中华梅讯》这个不定期内部刊物进行沟通宣传；等等。

基于梅花在中华花文化中居于最前列的特殊重要性，梅花作为小花、香花的代表具有非常大的发展潜力。经陈俊愉等人40多年来的调查研究和《中国梅花品种图志》国家科研课题协作组的努力，梅花引种驯化和新品种选育研究已取得了显著成绩，陈俊愉在1998年成为国际园艺学会首次在我国批准任命的梅品种国际登录权威专家。

追寻传统花卉的栽培历史，方能彰显我们的文化自信，促进现代花卉产业的发展进步。陈俊愉自始至终对传统名花栽培历史进行了大量研究工作。

就梅花而言，我国是梅的原产地，当前我国也是世界梅花栽培中心。至今在我国云南、四川、湖北、江西、安徽、浙江、广东、广西等11个省（自治区），都发现尚有野梅生长。

梅花在我国已有3000年以上的应用（果实）历史。而主要以收获梅子（果梅）为目的的引种栽培，大约始自2500年前。至于主要目的为观赏的花梅（梅花）栽培，至少可追溯至汉初。

花梅则西汉始有之，如《西京杂记》载：“汉初修上林苑，远方各献名果异树，有朱梅、胭脂梅。”又如扬雄所作《蜀都赋》载：“被以樱、梅，树以木兰。”可见约2000年前，梅已用于城市园林绿化了。但“梅于是时始以花闻天下”，当系南北朝时。这是向花梅发展的人工演进新方向。从以梅子（果梅）为主要目标的梅树栽培中，逐渐分化出以观赏为主要目的的梅花栽培，并培育出专供观赏而不结子或罕结子的一批梅花品种来，即花梅。至隋、唐、五代，梅花栽培渐盛，品种更增，梅花诗文的普遍增多也促进了艺梅的发展。唐代梅花品种不多，当全属直脚梅类，主要为以下各型：江梅、宫粉、朱砂等。宋范成大在《梅谱》中记载他在苏州搜集12个品种，其中10个属新增类型。明、清时期则品种大增，明代王象晋所著《群芳谱》记有19个品种，且分为白梅、红梅、异品三大类，花梅与果梅并重；清初陈淏子作《花镜》，记21个品种，始有‘照水’梅、‘台阁’梅等。由于花农培育及自日本引入，民国时期梅花品种也激增，如《华阳县志》（1934年）载：“其花分红、白，红、白之中又分数种。其香以绿萼为烈。”

中国是世界蔷薇、月季种质资源中心之一，中国的两个亲本种——月季花、香水月季，因均具连续开花的特性，故在现代月季育种史上起着关键作用。

我国早在公元前汉武帝时就在宫廷园林中栽种蔷薇。唐代诗人白居易、刘禹锡等均有咏蔷薇诗。北宋时代，我国月季品种盛栽于洛阳、山东、两淮、苏州、扬州等地，拥有众多的爱好者。当时已开展播种天然授粉种子并由实生苗中选育新品种的活动，且当时的人掌握了扦插繁殖以保持新品种优良特性等技术。至宋代，仅洛阳一地，当时即有包括‘银红牡丹’‘蓝田碧玉’等极品在内的月季品种41个，达到了世界水平。到了明代，王象晋所著《群芳谱》把蔷薇属最早分为蔷薇、玫瑰、刺靡、月季、木香等5类，并列举了20个不同的品种、类型。足见直至距今300~400年前，中国的月季犹居于世界最前列。

目前，我国花卉事业蓬勃发展，花文化自信不断增强，总体来说是朝向又好又快发展的进程，但是在某些方面仍然存在一些不足。针对于此，陈俊愉指出当前我国传统花卉业与花文化自信存在的主要问题在于花卉文化宣传工作不到位、种质问题梳理不清、花卉产业与当今经济发展不匹配、花卉建设唯外国是从等。

我国野生花卉种质资源保护工作一直未能雷厉风行地进行，存在以下问题：

一是良种失传，濒于绝灭。我国很多花卉的优异种质资源，由于长期不受重视，更未集中精心管理，又经多年变乱，或久已绝灭；或危在旦夕；或散于民间，亟待集中；或多年累积，毁于一旦。

二是家底不清，品种混杂。我国花卉种质资源极为丰富，但调查整理工作远未跟上。即使过去已调查整理过的种类，或因活材料断了种，或因资料、照片散失，至今仍对全部家底模糊不清。品名混乱的现象，更是相当严重。同名异物、同物异名和新旧名相混等情况，近年较过去实有过之而无不及。至于野生的花卉种质资源，就更是虽丰富多彩，但心中无数。最后，我国普遍存在着严重的草花品种混杂、品质退化等现象。

三是放任自流，缺乏管理。由于对花卉种质资源的意义与作用认识不足等，目前我国尚缺专管此项工作的统一机构和系统的搜集、管理制度。在国家专利工作范围中，未包括动植物新品种在内。这大大地影响了我国生物资源的保护和利用。在这种情况下，宝贵的种质资源随时有散失、绝种之虞，当然更谈不上统筹规划、分区集中、健全体制和有计划地开展花卉资源的调查、搜集、保存、研究与利用等工作了。

我国园林花卉教育起步较晚，中间又受到批判和专业撤销等变动影响，以致园林花卉各级人才都很缺乏。陈俊愉指出："比起欧美日澳等国，我们有些专业人员的水平，竟不如人家的业余爱好者。并且现在搞园林花卉的人转行者居多，专业人士较少。"另外，普通大众也对我国的传统花卉知之甚少。近年来，国内虽重视并提倡栽花种草，但缺明确方向与方针，以致盲目引种外国花卉成风。花卉科研投资少，研究工作严重滞后，花卉育种队伍小、题目少，且多简单重复，缺少原始创新，成效虽有，却罕有产业化成效突出者。国内花卉新品种推广、保护工作较差。尤其是缺乏优良新品种专利制度的建立，以致本国育种者受不到保护和鼓励。

我们在将中国传统花卉资源及其文化推广到国际上时，也有做得不足的地方，导致欧美等国不了解中国花卉文化以及发展现状。许多大花名花都已传至世界各地，广为栽培、应用；另一些小花、香花等名花，如梅花、蜡梅、兰花、荷花、珠兰、米兰、瑞香、桂花、丁香花、中国水仙等，至今只在中华故土上孤芳自赏，或仅在朝鲜、日本等少数邻国受到一定的重视，而西方人士对此知之甚少。对于花卉所涉及的衍生文化则更没有很好地传播。

以上的这些问题已不仅仅是一个栽培种植的种质问题，更是一种警示，要求我们加大对花文化的宣传问题的重视。

花卉产业的经营方面同样存在问题：目前全国的生产规划格局缺乏全面而准确的安排，花卉生产区域化尚未全面布局；各地花卉生产主攻方向不明，重点花卉未经审核确定；且我国是全球大国之中唯一未确定国花的大国。国内外生产与市场信息不够灵通而及时；现代科技手段应用不够或欠妥当，花卉采收处理难以达到要求；部分地区经营方式仍存在规模小、重点不突出、效益低而市场竞争力弱等缺点；花卉市场与产品调拨不够健全灵活；生产管理计划与科学性较差；生产与出口目的不能应付大规模需求或未能对准急需；病虫及恶性杂草进出口检疫不够严格、全面。

针对以上问题，陈俊愉提出全面统筹、脱颖而出、化被动为主动并最终使我国成为世界花卉盟主的观点。要达到这个目标，必须做到以下几点：团结一致、分工协作、部分服从总体、地区服从国家；在充分引进和推广国外良种的前提下，大力发展具有我国特色的花卉业。要建立起一套完善的政策体系，以市场为导向，大力发展花卉苗木产业，培育具有自主知识产权的优势品牌。要加大科技投入力度，提高自主创新能力，促进花卉业持续健康发展。加强对国产名花的选育与育种改良，大力发展民族特产花卉，弘扬民族文化，使国产名花真正成为中华特产和观赏植物之精华；要以振兴中华花卉业为己任，树立“世界园林之母”的良好形象，努力建设我国花卉文化产业，成为世界花卉世界的国际新星；教学、科研、生产和推广密切结合，特别注意对各级花卉工作者进行品德教育；改革名花，走出一条新路子；注重育种研究（包括利用基因工程手段选育传统名花新产品），尽早实施新品种专利制度；加强海内外信息宣传，以便花卉能更好更快地为海内外人士提供服务。

在国内花卉产业生产经营方面应深刻认识到以国产花材为主的价值：就地取材，丰富易得，较耐贮运，物美价廉，此其一；民间有传统习惯，为人们所喜见乐闻，与人民生活结下不解之缘，民族感情与联想油然而兴，此其二；饶有民族特点和地方风情，最独树一帜，奇葩自赏，犹如鹤立鸡群，亦易迎头赶上，此其三。

在花卉领域内，应选准主栽对象，大搞批量生产，既在国内促销，更逐步出口国外。可以中华特产香花、小花为重点，因为最能代表中国花卉之民族特色的是小花、香花，国人强调品格、意蕴，尤重香气，认为“香乃花魂”。同时要奖励花卉新品种育成与推广，使民族花卉在国内成为主体。重视花卉产业经营、销售、出口要求与推广渠道，并寓产业化于文化旅游，形成产业化，如梅花可以梅苗、大苗（含高接苗和行道树苗）、蕾期切枝（含切花）、小盆景等大规模产销为重点，果梅有各种加工品，尤其是以梅酒、脆梅、话梅、陈皮梅等为重点。

在启动和整理传统名花产业化、国际化并进行大规模内售外销的过程中，对品种进行记录、整理归类、命名及标牌等，需要百分百名实相符。研究切花花枝、蕾期及盆花、盆景的制作工艺，要搞好对外交流，引进国外先进的生产技术，提高花卉业的国际竞争力，同时也应加强对内交流以促进我国花卉业持续发展。对于梅花、蜡梅等品种，一方面要加强在蕾期的养护与管理，改进航运花枝的贮运技术，发展小盆景、小盆花生产，推广无土栽培及集装箱轮运技术；另一方面要抓住国内、国际两大市场，寻找新的突破口，研究世界名花在国内市场上如何实现国产化，创造具有中华特色的产品，使中国的花卉在国内市场上有一席之地，在国际上也有立足之地，做到花多、色艳、香浓、味美、形美、意美，既能满足人们的需求又不断搞花样翻新，真正做到青出于蓝而胜于蓝。

陈俊愉认为，发展花卉产业是实现“新四化”的重要组成部分。他说：第一是要实现传统名花的国际化，第二是要实现世界名花的国产化，第三是要实现野生花卉的引种驯化，第四是要实现花卉业的规模经营化。发展花卉事业必须坚持以科学为先导，走产业化之路，充分发挥中国花卉生产经营的主导作用。因此，我们不仅要继承和发扬我国优秀的传统名花，而且还要大力弘扬中华花文化。

在向海外介绍我国著名的瓶花、盆景、盆花等花卉装饰时，要以诗词、书画、歌曲、舞蹈等形式来传播中华花文化；“国色天香、万紫千红；春华秋实、金风玉露”，是千百年来中国人对鲜花的赞美之词。花是有生命的植物，也是一种美丽而又神奇的自然现象。诗情画意，人花合一，以香为花之魂，借花展览之机，将中华花卉欣赏理念传播给中外大众，不仅能让人逐渐了解小花和香花可爱之处，还能让中华名花遍地开放、芬芳天下。

第四节

大地园林，生态文明

一、“大地园林化”的由来与发展

1958年11月28日—12月10日，中国共产党八届六中全会明确提出，要“实现大地园林化”。1959年2—3月，广州召开了全国造林、园林化现场会议。同年3月，《人民日报》发表文章，提出“大地园林化是一个长远的奋斗目标”。随后，中国林业出版社出版了两辑《大地园林化》文集，汇编了有关文章。

1996年，陈俊愉主编的《中国农业百科全书·观赏园艺卷》由中国农业出版社出版，该书将“大地园林化”列入词条。全书以农业各学科知识体系为基础设卷，卷由条目组成。从此，“大地园林化”成为观赏园艺学科内容的一部分。

“大地园林化”是1958年为改善我国环境面貌而提出的一个口号，并一度作为城市园林和大地绿化建设的指导思想。在“大地园林化”号召下，我国园林绿化建设在群众造林方面取得了一定进展，在城市公园的营造中继承和发展了中国的造园传统。但“大地园林化”未能摆脱此时一度出现的普遍狂热性的影响；同时，虽然曾创造性地提出并实施“园林绿化结合生产”的方针，却在当时的政治、经济和意识条件下使园林绿化事业付出了沉重的代价。因此，“大地园林化”在很长一段时间几乎不再被人们提起。改革开放后，西方现代风景园林（landscape architecture，LA）理念在继20世纪初叶为国人所知后被再次引入，是中西文化在中国风景园林领域的又一次碰撞，“大地园林化”的意义也可望在与其交流、对话中获得新的阐释和新的生命力。

二、“大地园林化”的生态和文态

对中国的园林、花卉事业的发展，陈俊愉有着强烈的责任心和使命感。林业建设不能只讲生态而不涉及文态，这是陈俊愉再三强调的观念。

据陈俊愉解释，“大地园林化”就是在全国范围内全面规划，在一切必要和可能的城乡土地上因地制宜地植树造林、种草栽花，并结合其他措施，逐步改造荒山、荒地，治理沙漠、戈壁，从而减少自然灾害，美化环境，建立既有利于生产，又有益于人民生活的环境。绿化是“大地园林化”的基础，“大地园林化”是绿化的进一步发展和提高。大地园林化的内容比绿化更加丰富，是绿化祖国的高级阶段。其规模和形式是多种多样的，但总的内容是以林木为主体，组合成有色、有香、有花、有果、有山、有水、有丰富生态内容又有诸多美景的大花园。

与“大地园林化”一脉相承的是“城市园林化”。陈俊愉说，“大地园林化”是宏观的总目标，而“城市园林化”是大地园林化的重点。实现城市园林化是做具体的文章，要在城镇规划中实现园林绿地网络系统，以树木和森林为重点，辅以多样性植物，构成万紫千红、有花有草、稳定而又可持续发展的人工植物群落，把城镇建设成生机盎然、百花齐放的大花园。

陈俊愉进一步阐述了文态的新概念。在他看来，按照“大地园林化”的原则，林业建设不能只讲生态，而不涉及文态。重视生态环境是十分必要的，但应与文态建设相结合，要有丰富的文化内涵，而不是单纯的种树造林。林业不但是生态环境建设的主体，也是创造文态环境的生力军。在林业建设中，应更注重社会效益、生态效益、经济效益和文态效益相结合。

陈俊愉认为“绿色奥运”的提法，既有生态的概念，又有文态的内涵，和“大地园林化”的宏伟理想是基本一致的。他憧憬着中国美好的未来：“大地园林化”使生态环境大为改观，而且将丰富的文化内涵融进了浓浓的绿色世界之中，中华大地将成为一个令世界刮目相看的具有中国特色的大园林。

陈俊愉对树种规划方面也有深刻的见解。1979年起，陈俊愉带领北京林学院团队以“解剖麻雀”的方式在昆明、上海、哈尔滨等地开展了广泛调研，其近40年形成的城镇绿地树种规划思想体系一以贯之，注重理论与实践结合，与时俱进，提出的建议可操作性强，且具有高度的前瞻性。其中树种规划体现生物多样及可持续发展、发展珍贵树种、大苗育苗规划、发展容器苗等建议至今仍具有十分重要的借鉴价值。陈俊愉认为制定城市园林树种规划的重点应放在基调树与骨干树的选择和次序安排上。针对具体的树种选择，应以乡土树种为主，适当选用适应本地的外来树种，基调树、骨干树应选择抗性强的树种。他特别强调，城市绿化应重视珍贵树种的选用及育苗规划和大树规划，认为长寿、珍贵树种本身常既是基调树或骨干树，又是乡土树种。关于城市的育苗规划，陈俊愉认为要有种类、进度、数量、质量和规格的要求，要落实到具体的苗圃，“……要制定大苗生产规划，大树移植仅仅是应急性措施，非不得已时不为之，日常大苗供应还以扩设大苗苗圃、提倡容器苗等实用可靠措施”。这些树种规划的工作建议与当前上海城市绿化工作所倡导的“绿化、彩化、珍贵化、效益化”的“四化”理念不谋而合，因此愈发体现出高度的前瞻性。

20世纪80年代的园林城市建设，随着城市的不停发展和大规模兴建，在城市设计和提升城市综合水平中起到了主要作用。然而现在的城市园林建设，由于在追求速度的同时忽视了质量，或由于设计者看法的错误性，抑或其他方面的缘故，存在一些问题和误区。

陈俊愉在这个问题上曾经提出了一些建议，他说道：

首先，一些城市为了追求园林城市的种种指标，不惜花大气力、大成本，结果作出了有悖于和谐社会的事情，譬如挖大树、建大草坪等。上海是园林城市，它的城市绿化确实做得很好，然而，我不得不说，上海挖大树、种大树的做法所造成的影响和一些大树的死亡所造成的损失是不可估量的，产生了负面影响。上海自己有高科技、有足够的资金和技术人才保障，听说种大树的成活率还好。然则，影响了上海周围的浙江、江苏、安徽、江西，甚至湖南、湖北、贵州等省（自治区、直辖市），这些地方郊区的大树被挖走了，却没有高科技的保障，损失很大。所以，种大树不能光看好的一面，还要看到所付出的代价。我记得一次开会，有位代表的谈话令我记忆犹新，他说：“我们江浙一带很大的罗汉松，由于挖大树、卖大树，都卖到苏格兰去了。这是个危险的信号呀，我们的古董让外国买走、盗走，未来我们的大树也被卖到外洋，这是太大的悲剧了！”

其次，园林建设方面的一个不足是关于绿地建设详细的指标很多，而对于植物的生物多样性方面重视不够，没有详细的指标。一个城市的绿化要达到可持续的生长，没有生物多样性做保障，是很难维持下去的。据我领会，像北京这样的城市现在普遍栽种的树木花卉也许只有400种，同世界上发达国家比是很少的。像欧洲的伦敦、巴黎，美国的华盛顿、旧金山，甚至日本东京，新加坡，等等，通常的平均水平都是2000种以上，有的多达3000~4000种。

我的建议是要分步骤、分阶段、分区域、有指标地进行。譬如，第一阶段，珠江流域、华南区域、西南区域，应该达到3000种的指标。广州现在就达到了1600种，它的自然条件好，棕榈、常绿阔叶树多，然则它的市树施展的作用不够。市树选择得很好，是木棉，然则种得太少，不起主导作用。长江流域、中部区域1000种是没问题的。上海在这方面做得比较好，它的乡土植物就很丰富，又在周围的江苏引种了不少植物材料。以北京为代表的北方城市定800种比较合适。第一阶段应该达到这个尺度，然后再逐步提高。

中国是“世界园林之母”，我们的一些地方领导对此没有深刻的理解，这从行动上就可以看出来，他们总是在讲绿化若干平方米，对于质量没有追求。园林是什么？它是一个人工的植物群落、一个系统。这个系统既要让植物自己持久稳固地生存，还要给人类提供服务——综合效益，也就是观赏、休憩，以及其他一些附带的经济效益，基本上是公益属性。所以，我们的园林建设不应该是很低级的、粗放的。当前，我国园林中应用的植物多是原种，而发达国家已经用到杂种和品种了，就是通过引种、杂交育种培育出来的品种。而且，我们很少做到群落的复层混交，一眼望去，就是一层树木，林木应该是混交的，尤其是北方，应考虑乔木、亚乔木、下木、灌木、复层的混交，要研究林木相互的关系。

现在，我们有的城市买洋草、受洋罪，代价太大，应该激励科研工作者、技术人员多研究我们自己的花草，不要总捡外国现成的。中国原产的植物种类是世界上最丰富的，譬如松柏类，我们应该激励搞园林的人到郊区去找；还要提倡节约建园林、节约养园林，要选用乡土树种，耐旱、节水的植物。

然后，园林建设应该有一个适合现在社会发展的明确方针。我们现在用于指导园林建设的方针也是很早以前定下的，就是“园林结合生产”，这已经不能完全顺应现在的发展需求了，要与时俱进。当前，城市园林建设有林业、城建等好几个部门在竞争，我们的园林主管部门应该拿出有力的方针，否则就容易在现实工作中发生偏差，容易因小我、个人的喜好做事，而对城市园林建设发生误导。直率地说，园林建设中的形象工程、铺大草坪、种大树、建大广场等，实际上都是由于少数人的错误导向造成的，然而损失却是由大家来承担。

西部的某个城市被评为国家园林城市，其建设精神着实可嘉。然则，那里有一个大的广场，异常不切合现实，广场上只有很少的乔木，能把人晒死，不符合当地的现实状态，造成了很大的损失，劳而无功。所以说，有了严格准确的指导方针，就有了目标、有了奔头，才不会引起误导。（编者按，如果陈俊愉现在还健在的话，一定会为现在习近平总书记倡导的公园城市建设的理念而叫好，这是大地园林化的升级版，陈俊愉的理念很符合党中央提出的“五位一体”理念、守正创新的理念。）

而对于与生态文明建设紧密相连的风景园林学科，陈俊愉说道：“我的体会是园林专业太复杂了，而且是既古老，又年轻。”在2002年的一次会议上，陈俊愉说：“我的基本出发点，第一为了这个专业学科能够很好地发展，专业的方向要引领支撑国家的发展。我们中国是世界园林之母，威尔逊写的《中国，世界园林之母》，这本书已经出版70多年了，但我们中国人还不如外国人那么了解我们中国的园林，一些施工人员对于中国园林植物知道得很少。而国外很多普通人对于园林植物的了解比我们这些搞园林的人知道得还多，这是我们的一个悲哀。园林问题很复杂，仁者见仁，智者见智，园林学科在不同国家、不同地区和不同学校各有所侧重。我们搞园林工作的，对观赏植物也有很多不了解的。现在风景园林事业繁荣了，这么多专家、同行共聚一堂，机会难得。我们要好好研究一下它的性质。我接触园林这个学科60年了，最大的体会，就是园林的综合性非常强，园林要从各个有关的学科入手，要接触艺术、文学等各个方面。园林知识面很广，但是每一行每一个学科不一定要钻得很深。在学校里你有什么兴趣，可以毕业后再搞，你搞什么专什么，专什么就探讨什么，探讨什么就成就什么。”

陈俊愉很重视树种规划，他讲道：

建设部组织我们专家搞城市树木树种调查，搞城市园林植物的规划，做全国树种区域规划，这个书现在已经出来了。我们没有树种规划，没有调查，全国的规划就没有根据，现在有了这个规划，就很好。我也接受建设部的任务，在上海、昆明、哈尔滨、西安做树种调查与规划，我一方面觉得这个工作很重要，另外一方面，也给地方上提供了一些材料。比如说在昆明带了一些学生和老师，做这个调查，包括云南的一些县志古书都看。后来我们作了一个汇报，给云南省委和昆明市委汇报，汇报什么呢？说云南地温低到很低，可以下雪，可以结冰，这是在元朝，一下子下大雪，很多牲口都冻死了，有可能接近零下，甚至–10℃都可能。我们这个汇报把省委书记和市委书记都吓坏了。云南四季如春，刚刚下了雪，中央电视台都说好，瑞雪兆丰年。我说你们要知道云南的过去、现在和将来，一个地方的规划要包括植物规划，植物规划很重要，没有植物算什么园林？园林里面可以没有建筑，但是不可以没有树木花草，所以植物规划很重要。

美国一个大学的园林系主任到北京访问时，我请他到我家里来，我说我只问你一个问题，我们中国的园林专业对于园林植物方面应当怎样对待？你们美国搞园林规划设计，你是专搞设计的，你们对于园林植物怎么看待？他带了一本书——《木本观赏乔灌木》。他说："你看一下。我们美国园林设计多数跟苗圃相结合，不像现在上海把大树移植，我们的大树罗汉松挪走了，后来我们要买罗汉松要到爱德堡去买了。"我国现在大部分园林设计师对园林植物了解得比较少，甚至于种的什么松树，种的什么杨树，都不知道。这就很危险，一是脱离设计，另一个是种类缺乏。再有我们搞设计的，苗圃里面有，我们不要，结果是什么？既脱节，又使生物多样性到了设计的园子里面成了生物少样性。

威尔逊到中国很多次，用到美国的园林苗圃植物有1000多种。而我国的这些园林工作者，也调查了很多，也写了书，可是真正用到园林里头，我大胆地说也不到100种。这个悬殊太大了。国外的园林，像英国的伦敦，法国的巴黎，丹麦，日本的东京，新加坡，美国的洛杉矶、华盛顿，等等，整个城市用在城市园林系统的观赏植物，2000~4000种；而我们中国，现在北京只有400种，差距太大了。上海经过很大的努力，现在是800~1000种，广州、深圳，有1600~1700种。我们现在一方面是行业繁荣，但另外一方面我们搞设计的人、搞园林植物的人员知识都很不完善，不如外国人，外国一个一个讲起来，我们差得很远。

今后如何发展？我觉得园林各个专业之间，可以差异较小，共同的基础打得宽一些，面要很广。你搞园林的人，这个植物你连名字都不知道，怎么安排？不然的话，那没法交流，你怎么弄？我们风景园林这方面，过去比较欠缺。植物材料要很好地掌握它，植物的规划要用苗圃的规划去配合。搞假花，世界上是不允许的。但是现在机场一棵椰子树几千块钱，都是人造的，都很浪费。我们的钱很宝贵，但是用在花钱买假花上，这个不合适。草坪这么多，洋草那么多，现在是种洋草，受洋罪，而且要长期受罪。文化部的方针我们要借用过来，第一句叫弘扬主旋律，就是要弘扬我们中国自己的歌舞、话剧、雕刻、建筑等这些东西，弘扬自己民族优秀的东西。第二句提倡多样性，外来的东西要是好的，我们不排外。可能简单的两句话，就能解决好多教学科研当中的问题。

1964年，因为3个部门联合，让我们撤掉园林专业，10年没有招生。后来又恢复园林专业，我来弥补这个工作，又回到北京。举个例子，就园林植物教学来说，本科生是要掌握1000种，包括学名、原产地、栽培要点、应用要点；硕士1500种；博士增加到2000种。我们当年在欧洲留学的时候，在丹麦，那个时候是记3000多种，都背得滚瓜烂熟。所以这个问题，现在提到了风景园林教学，一定要知识面广，尤其是树木的原产地要很好地掌握，包括它们的栽培技术。否则将来搞规划设计应用的时候，把适合阳的植物种在阴的地方，把喜欢阴的植物种在阳的地方，就不合适。我们要搞针叶树，中国的针叶树是世界第一，美国最差。我们中国的很多针叶树在东北、大兴安岭的山里头很高大，横着长，在云里、雪山里多漂亮，到现在多少年没有人动，从来没有人引种过。现在我们松柏类，北京好不容易找到一棵雪松，雪松原产于喜马拉雅山西部自阿富汗至印度海拔1300~3300m处，20世纪30年代引入北京，在北京属于边缘树种。应用的时候要掌握其习性，由于没有掌握这些特点，在北京防寒不好，死亡率较高。北京用常绿树应该多用本土树种，以松柏为主。

另外我觉得毛主席提的“大地园林化”，很好，是宏观的。在这个里面，既要注意大地景观的问题，又要特别注意农民的生产、农民的生活。我刚刚从成都回来，成都现在搞城乡一体化，中央领导都去看了，还有以梅树、蜡梅树为主。中国的园林太美了，我们学法国、学意大利学错了，回去把原有的80%以上的法国式的、意大利式的园林都拆掉了，然后再建中国式的园林。现在中国大量搞的还是这样，但是慢慢矛盾出来了，显示当地官的政绩。广场上铺满草坪，然后游人在马路上走，中国人又多，草坪可望而不可即，不能在上面走。这不是开玩笑嘛？我们的土地那么贵。为什么我们的奥运会要延迟半个月？因为西方有的人怕热，比如说西班牙人，要是7月份来，会接受不了。我们要珍惜我们的环境，要发扬我们的特点，我们要建设一种乡土式的园林，以本地的树木花草来建设我们的园林，用野生的植物。现在的草坪你去看看，杂草很多，因为洋草的适应性很差，为这个我们花了很多不必要花的钱。

所以我提倡乡土园林，建设用地要少，土方挖掘要少，尽量用原有的，我们中国的山很多，不要太多地用假山。这样的话，我们大家坐下来好好地搞，有些专家专门坐下来，社会主义民主形式的，地方色彩的，要把这个建起来。现在总的来说没有特色，也不代表中国的特点。我从文化部主持的少数民族的歌曲，得到很大的启发。要建立民族的自信心、自豪感，把园林教育搞得更宽一点，要能够划时代，要能够屹立于世界园林学科之林。最近我读到一篇博士论文，武汉大学历史系的一个博士，写了一本厚厚的论文，马上要出版了。他是从民间的宗教等各个方面，来研究年是怎么出来的，把我们故事会里的东西搬出来，把它研究透，古为今用，为世界人民服务。中国人民对全世界要有新的贡献，不要老跟着外国人后面跑，没出息。

陈俊愉对“大地园林化”有很深的、很独到的见地，他的观点充满了爱国者主义情怀，体现了辩证唯物主义发展观，体现了一位共产党员、一位园林大家对祖国、对人民深沉的爱和专业的智慧。

参考文献

陈俊愉, 梅村. 梅花, 中国花文化的秘境[J]. 园林, 2008(12): 114-115.

陈俊愉. 从中国选育出更多月季新品来[J]. 花木盆景(花卉园艺), 1997(1): 10-11.

陈俊愉. 关于我国花卉种质资源问题[J]. 园艺学报, 1980(3): 57-67.

陈俊愉. 国内外花卉科学研究与生产开发的现状与展望[J]. 广东园林, 1998(2): 3-10.

陈俊愉. 跨世纪中华花卉业的奋斗目标: 从“世界园林之母”到“全球花卉王国”[J]. 花木盆景(花卉园艺), 2000(1): 5-7.

陈俊愉. 面临挑战和机遇的中国花卉业[J]. 中国工程科学, 2002(10): 17-20, 25.

陈俊愉. 世界园林的母亲，全球花卉的王国[J]. 森林与人类, 2007(5): 6-7.

陈俊愉. 通过远缘杂交选育中华郁金香新品种群[J]. 农业科技与信息(现代园林), 2015, 12(4): 327.

陈俊愉. 艺菊史话[J]. 世界农业, 1985(10): 50-52.

陈俊愉. 月季花史话[J]. 世界农业, 1986(8): 51-53.

陈俊愉. 中国梅花品种分类新系统[J]. 北京林学院学报, 1981(2): 48-62.

陈晓丽, 吴斌, 等. 纪念陈俊愉院士[J]. 风景园林, 2013(4): 18-51.

姜良宝, 陈俊愉. “南梅北移”简介: 业绩与展望[J]. 中国园林, 2011, 27(1): 46-49.

金荷仙. 育出新花艳人间，国际登录梅第一: 记著名园林植物学家、园林教育家陈俊愉院士[J]. 中国园林, 2007(9): 1-4.

景新明, 章丽君. 迈向国家植物园、北京植物园建设的回顾与展望[J]. 中国科学院院刊, 2006(3): 255-257, 174, 263.

李嘉珏. 深切怀念恩师陈俊愉院士[J]. 中国园林, 2012, 28(8): 13-15.

罗桂环. 西方对“中国——园林之母”的认识[J]. 自然科学史研究, 2000(1): 72-88.

铁铮. 陈俊愉院士提出“文态”新概念: 重提大地园林化，重视与弘扬文态建设[J]. 浙江林业, 2002(3): 1.

王小. 陈俊愉院士的梅花人生[J]. 国际人才交流, 2007(4): 28-30.

张启翔. 花凝人生香如故: 深切怀念陈俊愉院士[J]. 中国园林, 2012, 28(8): 20-22.

第三章

他在丛中笑：教育思想育英才

第一节
教育观

一、三全育人

“三全育人”即全员育人、全程育人、全方位育人，是中共中央、国务院《关于加强和改进新形势下高校思想政治工作的意见》中提出的坚持全员全过程全方位育人的要求。全员育人，是指由学校、家庭、社会、学生组成的“四位一体”的育人机制。学校成员包括辅导员、班主任、党政管理干部、“两课”专业教师、图书馆工作人员、后勤服务人员等；家庭主要是指父母亲；社会主要是指校外知名人士、优秀校友等；学生主要是指学生中的先进分子。全程育人，是指学生一进校门到毕业，从每个学期开学到结束，从双休日到寒暑假，学校都精心安排思想政治教育，贯穿始终。全方位育人是指充分利用各种教育载体，主要包括学生综合测评和奖学金评比、贫困生资助与勤工助学、学生组织建设与管理、校园文化建设、学风建设、诚信教育、社会实践等，将思想政治教育寓于其中。这也和陈俊愉的教育理念不谋而合。

在纪念2005年北京园林学校教师节庆祝表彰大会现场，陈俊愉长达半小时的讲话仍历历在目。在会上，他对中国教育现状、职业教育发展方向和办学理念等问题作了深刻阐述。他认为，中国教育要从历史中汲取营养，继承中国优秀的传统教育思想，并结合实际现状加以创新；他主张在发展职业教育时，要以儒家“有教无类”“因材施教”等传统教育思想为指导：对于教师厌教、畏难情绪严重等问题，他提出校长、教师们应继承和发扬孔子“有教无类”的教学精神。陈俊愉指出，教育要面向全体人民，重视后进生的转化工作，并提出“不愤不启，不悱不发”的启发式教育原则；强调教育者首先应以身作则，要用高尚的道德情操影响学生，教导教师不能以贫富、贵贱、智愚、善恶等为由，将某些人排斥于教育对象以外，需要校长和教师担负起国家对教育的重任，从学生实际情况和个别差异中有针对性地实施有区别的教育，让每一位学生扬长避短，得到最好的发展。

二、五育并进

陈俊愉是中国现代高等园林教育家。在长达半个多世纪的教学科研实践中，陈俊愉的教育思想深刻影响着中国园林教育和园林建设的改革和发展。陈俊愉坚持将以社会为本和以人为本相结合的全人教育，认为“德智体美劳这五育，德育放在第一位是很正确的”，强调为人与为学的统一。

20世纪80年代初，时任系主任的陈俊愉的新生入学教育可谓大学经典第一课，博古通今、深入浅出、激情飞扬、声如洪钟，感染并点燃了学子的青春激情。在陈俊愉看来，“在人才培养中，要注重培养学生扎实的基本功和广博的知识，天文地理都要懂，不能单纯强调某一方面的技能，要多开设富有共性的课程。”关于体育，陈俊愉认为园林专业要倡导野外锻炼，作用有三：一是向自然山水学习；二是训练体格；三是认识栽培植物和野生植物，外师造化，中得心源。陈俊愉喜爱哲学，晚年在床头放着一本《学哲学 用哲学》，并勉励大家：学习哲学，掌握好辩证唯物主义，就能较好地分析、正确地处理各种园林问题，这是无往而不胜的最佳理论武器。

1998年9月，陈俊愉说道：“希望我们的年轻人好好干，实在一些，不要‘花架子’。做‘花架子’，一时是可以的，长远来讲，还是要你拿出‘干货’。做人是这样，做学问也是如此。”他以自己的一言一行生动地诠释并丰富了北林校训“知山知水，树木树人”的精神内涵（图3-1~图3-4）。

图 3-1　1986 年，陈俊愉在浙江林学院讲学（杨乃琴 供图）

图 3-2　1983 年，陈俊愉在家中备课（杨乃琴 供图）

图 3-3　陈俊愉在做课前准备（杨乃琴 供图）

图 3-4　1991 年夏，陈俊愉（左）在黑龙江省森林植物园药物园内调查

第二节

人才观

一、爱国爱民

陈俊愉的爱国情怀是众所周知的。1950年，陈俊愉从丹麦皇家兽医和农业大学进行硕士论文答辩后，谢绝了国外高薪岗位，顾不上领取自己的硕士学位，就历尽千辛万苦，毅然回到祖国的怀抱，投身新中国的建设事业中。作为一名具有56年党龄的老共产党员，陈俊愉始终把爱党爱国与一生忠实的职业信仰集于一身。大象无形，大音希声，陈俊愉将信仰融于他平日的点滴之中，才在平凡里成就了璀璨辉煌的传奇人生。

陈俊愉回国后，有在华中农学院工作7年的经历。他多次向学生谈起他在那加入中国共产党的难忘岁月。他告诉学生，他是在1956年由辜慕兰老师介绍加入中国共产党的。每次说起入党，陈俊愉总是感慨万分，不自觉地谈起自己无怨无悔的回国抱负，谈起组织对自己的信任。这些年来，每次华中农学院（现华中农业大学）的学生去北京看他，他总是关切地问起辜老师的身体状况，并要学生一定带回他的问候和祝福，还要加上一句："她是我的入党介绍人。"半个世纪过去了，陈俊愉后来又经历了那么多磨难，但仍然对入党和入党介绍人的点滴都记忆得那么深刻。由此可见，老人家多么看重这入党仪式和入党介绍人，"共产党员"这一称号在他心中多有分量。

接触陈俊愉的人都有这样的印象：他乐观豁达，正如一株傲然风雪的老梅。陈俊愉的人生起落都与"梅花"相关。陈俊愉满怀理想，回国后潜心研究的"梅花"成了他被当作"反动学术权威"反复批斗的重要"罪状"——"国民党定梅花为国花，你喜欢梅花就是喜欢国民党！"常人经此一劫，恐怕会对梅花的研究避之不及，但陈俊愉从未放弃。时隔多年，陈俊愉似乎忘记了曾经的浩劫带来的伤害，强烈地发出了令国人震惊的声音："我国国花应是梅花。"后来，他又提出了牡丹和梅花"双国花"

建议。而且他特别强调，正因为梅花曾是国民政府时期的国花，我们才更应看到它对于促进两岸统一与和平的意义。这是中国的国花不是国民党的国花，是大国风度的最好诠释。这是一位共产党员何等的气度和胸怀啊！

陈俊愉的爱党爱国从不在于豪言壮语，而在于身体力行。2008年汶川地震的第2天，已91岁高龄、拥有51年党龄的陈俊愉一次就捐款1万元！记者采访他时，他只是淡淡地说，这是他为灾区人民尽的一点微薄之力而已。陈俊愉对四川有着深厚的感情，年轻时为了调查梅花，足迹踏遍四川20多个市县；1947年出版的第一本梅花著作《巴山蜀水记梅花》，被喻为蜀中第一本“梅花秘籍”。在他身上，对党和人民、对梅花事业的感情已经深深地融为一体了！在老人家89岁高龄时，他还欣然走进党课教室，以幽默风趣的语言，结合自身的亲身经历告诉入党积极分子“做人、成家、干事业、为国家”是他的人生信条，希望能与同学们共勉。他说：“要先做人，后做事，做人要正派，做事要踏实；成家是为了立业，家庭意味着责任；年轻人要把个人事业与祖国命运紧密结合起来，做事业要做到好上加好，切忌三天打鱼，两天晒网，要锲而不舍，才能有所作为。”

1982年，陈俊愉提出要建设“中国气派、社会主义性质的风景区，在形式和内容上都应有其特色。在保持自身民族化、发挥地方特色的前提下，对历史文物古迹、古树名木进行保护；既不能完全西化，也不能普遍化。”

2002年，谈到生态与文化的关系，陈俊愉提出：“我们国家是唯一文化历史从未间断过的国家，这是埃及、希腊、罗马、印度等国无法比拟的。我国传统文化精华如此之多，可接收的成就和学习成果的数量是不可估量的，这都非生态所能含蕴。我们当然应该用先进的目光去审视传统中的事物，给优秀的文化传统赋予时代的精神。”然而生态文明建设是中国特色社会主义事业总体布局中不可缺少的组成部分，必须坚持走可持续发展之路。他呼吁人们关注自然、保护自然；提倡传承文化、守正创新，这无疑具有很强的现实意义。

陈俊愉是一位终身从事大学教学工作的教师，除了自己取得丰硕的科研成果外，还为国家培养了众多的人才。作为中国工程院院士，著名植物学家、教育家、园林科学家的陈俊愉，不仅对我国园林事业发展作出了突出贡献，而且在教育方面亦有不少建树。他先后在多所高校承担要职，并长期承担起教书育人的重任。在北京林业大学任职时间最久，长达55年，园林植物专业首位博士生导师，是我国园林植物及观赏园艺的奠基人和领军人物，半个多世纪来已培养博士25名，硕士31名，本科生难统计。其中，许多学生已成为我国园林事业的中坚力量。

正如陈俊愉的学生——原北京植物园园长赵世伟先生所言，陈俊愉的授课始终将爱国主义渗透于专业教育。他心目中一花一草，无不与祖国的前世今生息息相关。他曾教过遗传学、观赏园艺学、普通植物、园林建筑学等课程，时刻注意汲取国内外园林花卉研究方面的新成果，旁征博引、内容充实、形象逼真。

学生们都记得，陈俊愉常说：我们中国的花卉栽培，同外国的花卉园艺走的是两条路。中国是“花文化”带动了花的事业，外国是花的引种带动了花的栽培，然后变成了一个出口赚钱的产业，如荷兰就是靠郁金香吃饭。我们要发挥“花文化”的长处，让花陶冶性情，同外国的园艺疗法结合起来，赋予科学的分析和数据。

国家植物园的定位为集植物多样性研究、资源保护与利用、科学传播等功能于一体的综合机构，代表国家植物科学研究和迁地保护的最高水平，是保育濒危植物的诺亚方舟与战略生物资源的储备库，是国家生态文明的象征。这些都与陈俊愉的理念不谋而合。2022年4月8日，国家植物园在北京正式揭牌，标志着国家植物园建设翻开了新的篇章，也是在侯仁之、陈俊愉、张广学、孟兆祯、匡廷云、冯宗炜、洪德元、王文采、金鉴明、张新时、肖培根等院士联名给中央写信，共同努力的结果。国家植物园依托中国科学院植物研究所和北京市植物园现有相关资源，构建南、北两个园区，统一规划、统一建设、统一挂牌、统一标准，可持续发展的新格局。

陈俊愉一生值得骄傲的事情很多，但留下的遗憾也很多，其中之一就是中国野生资源的生物多样性和栽培应用的少样性。北京园林常用的花草树木只有400种，而巴黎、华盛顿、新加坡、加尔各答、东京常用的足有2000~3000种。陈瑞丹说：“有一次中国工程院在人民大会堂开会，陈俊愉院士看到摆放的大部分是洋花洋草，如非洲菊、一品红等，而中国自己的东西，特别是传统的花卉，梅兰竹菊却越来越少。他回来就常伤感地说，中国这个园林的母亲老了，‘子女’在全世界都大放异彩，而我们自己的东西呢？”

陈俊愉用这样一段话总结过自己的梅花情节：“生平爱梅。爱之深，望之切。越研究，兴味越浓：接触愈多，感情愈加真挚。深叹梅诚花中之奇葩，造物之奇迹，要使之更好地为国人、为世界服务而后快。”陈俊愉朴实的话语中饱含着深沉而又执着的家国情怀。

二、自强不息

经过半个世纪的不懈努力，陈俊愉使“梅花不能过黄河”成为历史，实现“南梅北移”，他带领团队培育、引种了二三十个新品种，能抵抗–35~–19℃的低温。梅花露地栽培的范围由北京扩大到长春、沈阳、赤峰、包头、延安、大庆、乌鲁木齐等地，“南梅北移”成效显著，梅花生长线向北、向西推进了两三千千米，堪称植物栽培史上的奇观。梅花欢喜漫天雪，这只是诗人的革命情怀，其实是梅花虽抗寒，能忍耐低温和漫天雪，但是梅花开花时是不能忍受过度低温的。天寒地冻，梅花难以生长。因此，自古即有“梅花不能过黄河”之说。1957年，陈俊愉调入北京林学院（现北京林业大学）任教。他一边教学，一边和北京植物园合作进行梅花引种驯化研究，尝试把江南的梅花移到北京。经过科学的引种栽培选育，历尽周折，1962年4月6日，终于有两个花蕾绽开了。他兴奋地撰写了《北京露地开梅花》一文刊发在《北京晚报》上，向世人报道了这个从未有过的历史奇迹。第二年，梅树抵抗住了北国的严寒，开了更多的花。梅花北移之梦终于变成了现实。

梅花是我国原产的传统名花，栽培历史已有3000多年。但对这一传统名花的种质资源，包括野生种和栽培种的种质资源家底还不是很清楚。陈俊愉以毕生精力投入到这项工作中。他生平爱梅，见到新的梅花品种往往兴奋异常。他可以手捧着一束梅花，在出差途中，辗转几千千米而爱不释手。早年为调查梅花他走遍了巴山蜀水。抗日战争胜利后，他带领复旦大学学生做毕业论文，奔波于沪宁线上调查梅花。在欧洲留学3年，仍不忘多次航运梅花到丹麦。归国后在武汉执教，在调查梅花品种之余，亲自采种育苗，培育新品种。到北京后，又为梅花北移作了艰苦不懈的努力。1964年，他把经过20多年调查记载的品种整理成书稿，准备出版。但这些资料、数据和照片在“文化大革命”期间，连同他指导研究生辛辛苦苦搞杂交授粉培育的20个抗寒梅花新品种，全被毁于一旦。1969年，陈俊愉随学院被下放到云南，他饱经沧桑，受尽磨难，直至1979年才恢复正常工作。虽然当时面临资料遗散、图片丢失，选育的梅花抗寒品种也被付之一炬的窘境，但是凭着空前的热情，他组织全国各地的梅花专家协作，仅用6年时间就完成了武汉、南京、成都、昆明等全国各地梅花品种的普查、搜集、整理，并进行了科学分类。重返工作岗位时，陈俊愉已年过花甲。为了争分夺秒抢回被耽误的教学科研时间，他亲赴武汉、成都、黄山、贵阳等地调研，在南京成立梅花研究协作组，组织全国花卉专家协作攻关，终于把野梅、古梅的分布和梅花的“家谱”基本摸清。1980年后，他组织了包括湖北、江苏、浙江、四川、北京等地专家参加协作组，分工合作，对我国梅花品种进行了6年多的整理，弄清了我国梅花的种、变种及变型的分布。进而把调查所得的梅花品种，按中国梅花品种分类修正新系统，纳入了3系（真梅系、杏梅系和樱李梅系）、5类（直枝梅类、垂枝梅类、龙游梅类、古梅类、樱李梅类）和16型（江梅型、宫粉型、玉蝶型、黄香型、绿萼型、洒金型、朱砂型、单粉垂枝型、残雪垂枝型、白碧垂枝型、骨红垂枝型、玉蝶龙游型、单杏型、丰后型、送春型、美人梅型）之中。对我国现存的古梅进行了调查，确认了现存最古老的梅树为云南昆明市曹溪寺的元梅，树龄约700年，品种为曹溪宫粉型的‘曹溪宫粉’。这一研究同时否认了现在所谓的“隋梅”“唐梅”“宋梅”的真实性，从而为梅花品种的去伪存真提供了权威性意见。在对梅花品种长期研究的基础上，1989年出版了《中国梅花品种图志》。这本专著收集了137个梅花品种，每一个品种各附彩色照片和详细的文字记载。这本专著问世不久，即受到我国同行包括台湾和香港学者，及日本专家的重视，纷纷索购。他主持研究的“中国梅花品种的研究”项目在1990年获林业部科学技术进步奖一等奖，1991年获国家科学技术进步奖三等奖。调查梅花品种的同时，陈俊愉又提出了在我国建立全国梅花研究中心和次中心的主张，通过多方努力，1991年3月终于在武汉成立了中国梅花研究中心，并建立了120亩的品种圃。这对研究全国梅花品种有着重要意义。经过20多年的梅花抗寒育种研究，选育出多个抗寒梅花新品种，经多年区域试验，梅花能在我国北方地区成功越冬，在北京植物园、北京鹫峰林场、北京市区等多个地方建立了梅园和梅花景点，实现了北方种植梅花的愿望。

金花茶是我国特产的珍稀濒危植物，号称“茶族皇后”。早在1973—1975年，陈俊愉就在昆明进行了以金花茶为父本的种间杂交，从1980年起他又组织领导全国协作组，多次到广西邕宁、防城、东兴等边境地区调查金花茶的种质资源，将已发现的金花茶的20多个种和变种几乎全部收集于南宁种植，并建立了两座金花茶基因库。为了争时间、抢速度，他多次到广西亲临现场指导金花茶育种工作，已培育上千株杂种苗。1986年，此项研究成果在广西南宁通过部级鉴定，时任国务院国务委员陈慕华等领导到会祝贺。1989年11月，陈俊愉主持的这项研究成果被评为林业部科学技术进步奖一等奖，1990年获国家科学技术进步奖二等奖。

陈俊愉从1989年创立中国梅花蜡梅协会起，积极组织全国梅花科研单位、生产单位及梅花爱好者开展梅花资源调查、品种收集和栽培技术研究，关心支持全国梅花的产业发展、基层和农民企业家的发展。他组织了全国12届梅花蜡梅展览，主持召开了多次国际和全国梅花学术研讨会。从20世纪80年代初起，他在全国发起评选国花活动，30年来，一直为国花在努力奋斗。他不屈不挠的精神正是梅花精神的体现。

第三节 教学观

一、手脑并用

陈俊愉认为，实践技能的意义不仅仅在于其“对于大学生十分紧要”，更重要的是其乃教育的重要价值之所在。实践是教育的出发点和归宿。教育因实践的需求而产生，亦因解决实践问题而存在和发展。离开实践的需求和对实践问题的解决，教育就将不复存在。实践问题的解决，离不开人的实际操作，光凭理论知识显然不行，必须具备实践技能。理论知识只有有助于实践技能训练、有助于实践活动进行才有实际价值，实践技能的培训才具有直接的意义。因此，必须对实践技能的训练予以高度重视。

因此，陈俊愉在教学过程中，就非常重视实践教学环节（图3-5）。2008年夏季，当时陈俊愉指导在校的在读博士生只有李庆卫、蔡邦平、周杰3个人。陈俊愉说：“虽然只有你们3人，但是我还是要给你们亲自上课。”记得有一次课陈俊愉重点讲小气候与引种驯化的问题，讲完理论后，他不顾91岁高龄还是坚持带领3名博士生一起去校园内实地调查路边的悬铃木存活情况，用实例佐证小气候对树木栽培的重要性。学生们说：“先生您不用去了，我们统计后回来给您汇报就行了。”陈俊愉不同意，还是坚持与学生们一起去现场调查，在调查现场陈俊愉用实际数字和案例教学的方式加深了学生们对小气候的重要性的理解。此事也充分体现出了陈俊愉的治学严谨和言传身教。为了强化实践环节，陈俊愉特别重视梅菊圃的建设，并且坚持去梅菊圃检查工作并现场指导研究生。2011年6月25日，已经94岁高龄的陈俊愉到8家苗圃基地亲自指导研究生的地被菊育种试验。2012年5月17日，陈俊愉在李庆卫、陈瑞丹、姜良宝和景珊陪同下再次去梅菊圃和新建的8家试验苗圃视察工作，指导研究生。没想到2012年6月8日，陈俊愉就永远离开了他钟爱的花卉事业。

图 3-5　2005 年，陈俊愉（左一）指导博士生进行梅花品种鉴定（李庆卫 供图）

陈俊愉的外孙女陈瑞丹，从小在他身边长大，耳濡目染，也学了园林专业，现在是北京林业大学园林学院副教授。陈瑞丹说，陈俊愉院士开朗、风趣、热情，对学生既爱又严，学生们经常来家里要求吃师母烧的红烧肉，有时还把老师珍藏多年的茅台酒找出来一饮而尽；但是在做学问上一旦触及底线，他便非常严厉，不留情面，能把男学生都说哭。有一年，有个学生忙着卖圣诞树，好久没有露面，他非常生气，把学生找来狠狠训了一通，要他退学，直到他哭着认错才罢休。陈瑞丹说，学园林有个特殊性，做试验必须顺应植物生长发育的时令，耽误一时，就有可能耽误一年。陈俊愉不仅担心他的学生们完不成试验，不能按时毕业，更不允许这种不认真、不扎实的学风。

北京林业大学园林学院的人都知道陈俊愉对研究生的要求很高：要理论联系实际，动手能力要强，栽培繁殖技术要过关；认识的观赏植物要多，要经得起考；毕业论文重质不重量。

陈瑞丹听外公陈俊愉说过一件趣事：一次一个学生拿来一根揪光了叶子和花的植物茎来考陈俊愉，一般辨识植物要求有花有叶有果，看来这个学生就是想给老师出个难题。但是陈俊愉一看那根茎是四棱的，就认出了是迎春，“这下子他们可服了”。

陈俊愉注重记录也特别注重实践，善于利用一切可以利用的条件进行研究和实践。北京林业大学不大的校园，包括其附属的幼儿园都成了他研究梅花、棕榈耐寒性的试验基地；墙边犄角旮旯方寸之地也是他观察牵牛花生长的场所。2004年4月1日，学生王彩云从荷兰回来看望87岁的陈俊愉。他说：“我们去校园做杂交，边工作边聊。”他腿脚不太灵活，一点点地移动着小马扎，一边教学生如何做紫叶李与梅花的杂交，一边做着记录，还不时给学生讲法国人安德烈用紫叶李与宫粉梅杂交获得‘美人’梅，我国又如何从美国引进的故事。他说：“实践和记录观察多了，才能发现规律，才能培养发现问题的兴趣，才有正确的思考。”

二、知行合一

劳动正在向体脑结合型迅速转化，要求劳动者兼有思考和操作能力，而没有实践技能的人必将被时代淘汰。在这样的背景下，现实世界要求我们培养出来的人才，不但要“能说”，还要“会做”（图3-6~图3-13），而只会“耍嘴皮子”的人越来越没有市场。真正受欢迎的，则是那些“能说会做”“文武双全”的人才。

陈俊愉在求学过程和科研经历中，就充分贯彻了知行合一的理念。早在1943年，他就随汪菊渊在四川调查梅花品种。“当年走马锦城西，曾为梅花醉似泥”，吟诵着陆游的名句，风华正茂的他起早贪黑，走遍

图3-6　1987年，陈俊愉（右）在新疆冰川3700m处与研究生马燕考察野生蔷薇资源

图 3-7　1989 年，陈俊愉（前排左三）在河南鸡公山进行野生花卉调查，与一部分同学登上山顶

图 3-8　1991 年夏，陈俊愉（左）在长白山进行野生花卉采集

图 3-9　1994 年春，陈俊愉在北京植物园梅园进行品种登记

图 3-10　2001 年夏，陈俊愉（左二）在云南省洱源县调查二度梅

图 3-11　2008 年 4 月，陈俊愉（右二）在黑龙江大庆市做梅花露地开放调查记录

图 3-12　2007 年，陈俊愉在花圃地里对地被菊做科研记录

图 3-13　2011 年春，陈俊愉（左一）在鹫峰梅园温室中观察梅生长状况

了巴山蜀水，调查了各种梅花。调查工作持续了5年，在重庆、江津等地发现了‘大羽’‘凝馨’‘白须朱砂’等六七种奇品，并于1947年出版了用文言文写的研究著作《巴山蜀水记梅花》，填补了我国近代梅花系统研究的空白。

1947年，陈俊愉考取了公费留学，远赴丹麦皇家兽医和农业大学园艺系研究部攻读科学硕士学位。在导师帕卢丹教授看来，他的理论知识已经很扎实，但动手能力还需要加强。此后，每逢周末和假期，陈俊愉就放弃一切娱乐活动，去植物园、农场实习、实践，最终以优异的成绩出色地完成了学业。

北京林业大学园林设计系1981级学生、现华中农业大学党委书记高翅教授说，上学时他们设计班学生的植物类的课程很少在教室上课，大都在城市公园等各种绿地中现场教学。除了同样考学名外，栽培养护类课程主要是在户外学做月季嫁接、学修剪等，还要养盆花。有景有情入境式的教学方式，有效地实现了陈俊愉“手脑并用、知行合一”的教学观（图3-14、图3-15）。

在月季育种工作中，陈俊愉独辟蹊径。他认为充分利用我国丰富的蔷薇资源，培育适合中国广大地域露地栽培的高抗性月季新品种群是当前的主要任务之一。为了弄清我国的蔷薇资源，他多次去山西、青海、云南、新疆以及我国东北地区收集野生种类，研究其生态习性与生物学特性，以便进行有针对性的育种。他指导博士研究生用我国三北野生蔷薇与现代月

图 3-14　2011 年，陈俊愉（左）在梅菊圃中指导研究生景珊观察地被菊

图 3-15　2011 年秋，陈俊愉（左二）在花圃现场给大学生讲课

季进行远缘杂交，获得120个杂交组合，授粉6000余朵花，获得了2000多颗杂种种子，其中有10株杂种苗在抗性和观赏性上表现突出。这就为培育全新的“刺玫月季品种群”打下了基础。

陈俊愉还曾带领组织研究人员进行金花茶杂交育种试验、杂交授粉试验，费尽周折将广西十万大山中20多个种的500多棵金花茶大树移植成功，建立了举世无双的金花茶基因库，攻克了世界山茶育种领域的难题——繁殖技术大关，解决了世界山茶育种领域的难题，培育出12个金花茶新品种。这项成果也获得了国家科学技术进步奖二等奖。

陈俊愉的教育思想和教育实践经历了半个多世纪，对于我国园林学科专业、园林教育和园林行业的影响是深刻而长远的。我们需要以陈俊愉严谨求实的治学精神用心研究，在新时期的园林教育中传承和发扬（图3-16~图3-20）。

最后，引用陈俊愉2012年新春的一段寄语与诸君共勉："我们应该组织全国精英坐下来，花几十年时间研究出中国现代园林新风貌。我们是'世界园林之母'，我们只有更下苦功夫，才能焕发'园林之母'的青春，弘扬中华文化，为世界园林作出新的贡献。"

图3-16 1993年，陈俊愉（右二）在合肥市全国第三届梅展会中由时任市长钟咏三（右一）陪同亲手植梅于合肥植物园景区内

图3-17 1994年秋，陈俊愉（左一）在卢沟桥地被菊基地采收茶菊

图 3-18　2003 年，陈俊愉给梅花树整枝覆土

图 3-19　2006 年，陈俊愉（左）在南京中山陵园（梅花山）植梅

图 3-20　2006 年春，陈俊愉在北京林业大学 11 号楼前对自植的梅花树进行生长状况记录

第四节

质量观

一、通专结合

陈俊愉认为：“我们园林这个综合学科，就是要培养知识面广的‘万金油’！”他强调，园林是一个综合性非常强的学科，在学科建设中，以哪个方面为中心都是片面的。园林植物与园林设计相辅相成、相得益彰。专业不必分得太细，办园林教育、搞园林事业，要求知识面广，需要掌握园林的全面知识。在高年级做毕业论文、毕业设计时，应有所侧重，走上工作岗位或读研究生时再专精攻读，知识面广、基础扎实才有后劲。学校和老师的任务就是给学生带个路，给学生一把探求未知的“金钥匙”。

陈俊愉曾经讲过这样一个故事：我有一个55级的学生，现在成了地理专家，是南京大学地理学教授。前几天他来了，给我深深地鞠了三个大躬，说：“老师可能不记得了，当年你告诉我们要重视基础，要拓宽知识面，对我影响很大，要不现在我也不会有所成就。”陈俊愉主张：“‘万金油’就是要什么问题都能解决。我是主张培养综合的‘多面手’，能够拳打脚踢。无论是栽培植物、设计画图，还是欣赏园林、琴棋书画，样样都行。”

2011年大暑前两日，陈俊愉给北京市园林学校六十年校庆的题词写道：能说、会做、善武、兼文，修德强技，树木树人。“能说、会做、善武、兼文”是他对园林职业技能人才的综合要求，“修德强技，树木树人”是对北京市园林学校的教育要求。陈俊愉的题词内容不能不说是很有远见的。因为当今我国的职业教育基础薄弱，大部分学校脱胎于高中教育。为了培养动手能力强的中等专业技术人才，大规模削减文化基础课。很显然这种形式的职业教育不符合中国产业结构对高素质技术人才的需求。所以，陈俊愉“能说、会做、善武、兼文”技能人才培养目标的提法是很有针砭时弊作用的，同时他也是看到了园林行业技能人才匮乏的现状而深有感触地提出的。因此，职业教育的出路在于培养目标的调整，正如陈俊愉所寄望的那样，要培养德技双馨的高素质技能人才。总之，在陈俊愉的职业教育思想体系的指导下，园林专业不断调整课程培养目标。北京市园林学校师生从2005年起，勤奋进取，一路高歌，取得了辉煌的成绩。作为园林学界的泰斗，陈俊愉于晚年在中等职业教育不被社会广泛认可接受的背景下，屈居担任北京市园林学校名誉校长一职，并扎实、诚恳地为首都园林职业教育奔走呼吁，贡献自己的力量。这不能不说是一种高超的学术眼光，同时也是一种高尚的学术素养和人生境界。十年树木，百年树人。人是万物之灵，培养人的事业是千秋伟业。园林事业的发展依靠一代代园林人去传承。

二、博学笃行

陈俊愉要求他的研究生要知识渊博。2004年，陈俊愉已经87岁高龄，仍然亲自编撰研究生必读《2000种植物（学）名录》，给他的在读博士和硕士研究生人手一份。陈俊愉带学生外出时，见到什么植物就讲什么，其学识之深厚令人非常佩服。在就餐时，陈俊愉还会就餐桌上的菜考问学生这些菜是什么科的？菜的学名、原产地等他都能脱口而出，可见陈俊愉的学养深厚和才学广博。

从20世纪80年代初至晚年，陈俊愉把主要精力用于培养博士、硕士研究生。他认为，博士应立足于我国自己培养，但施教者又必须持有世界本学科的前沿水平。因此，他制定了把博士生送到国外学习的方案，并照此执行，以弥补单纯国内培养或单纯国外培养的不足。在研究生的教育培养方面，他更是把教书与育人结合起来全面培养，不仅关心他们的学习和研究，对他们的思想工作，甚至恋爱、婚姻也都很关心。在对年轻教师培养方面，他把压担子与手把手教结合起来。他说："备课一定要认真，我教了一辈子书，没有一次讲课之前是不备课的。"他身教重于言教，在73岁时仍坚持自己带研究生实习，90岁高龄还在为自己指导的博士亲自授课。这种严谨的治学态度，对年轻教师产生了巨大影响。他讲究学术民主，在为研究生授课时，学生有不同的观点，无论课上课下，都可以与他商讨，甚至争论。他一向对学生要求严格，强调研究生不仅要专，而且要博，更重要的是要有坚实的基础知识。

陈俊愉要求学生"除了接触面要广，还要有专长，必须要学习植物知识。学名、植物应用、主要的生态习性都要熟练掌握”，并且给了定量的标准——硕士生需熟识植物1500种以上，博士生则要达到2000种以上。陈俊愉的研究生毕业前都要参加他亲自组织的专业综合考试，考试内容包括土壤学、气象学、植物学、植物生理学、园林植物综合等内容，每门课20分，考核形式是口试结合笔试，考核现场由植物学、土壤学、生理学、育种学、栽培学的5个专业老师进行现场提问，每人提一个本专业的问题，要求学生当场口头回答问题。考核的最后一个环节是园林植物的综合考试，考试范围是博士生要掌握的2000种、硕士生1500种植物相关知识，考试形式是现场识别标本，并写出学名，然后讲出原产地、生态习性、栽培要点和主要园林应用形式。这种综合考核形式要求研究生必须走出教室到植物园等实践基地中去现场识别，要系统地掌握植物，识别是前提，繁殖是基础，栽培是手段，应用是目的。

走出校门的一代代“万金油”们，应以堪称“极品万金油”的陈俊愉为榜样，博观约取各有专攻，活跃在我国园林行业。

第五节
价值观

一、兼容并包

北京林业大学的园林专业源于1951—1953年清华大学的造园组，造园组探索了园艺学和建筑学课程的融合，参考苏联同类专业的教学计划和教学大纲，构建了造园专业的课程体系。期间，北京农业大学的汪菊渊、陈有民和清华大学的吴良镛、刘致平、王之英、华宜玉、莫宗江、李宗津是该专业的主要教师，北京市建设局的李嘉乐、徐德权开设了系列讲座。造园组第一班同学在江南实习中，得到了朱有玠、程世抚、余森文、陈俊愉等的指导。

1956年3月23日，中华人民共和国高等教育部发文，决定将北京农业大学造园专业于该年暑假调整至北京林学院，同年8月将造园专业定名为“城市及居民区绿化专业”。1957年11月，林业部批复同意北京林学院建立城市及居民区绿化系，开启了我国现代高等园林教育的先河。当时，从全国各地高校、规划部门、设计院等单位调入了一批业界精英，奠定了北京林业大学园林学院海纳百川、兼容并包的基础。陈俊愉于1957年从华中农学院举家迁京，任北京林学院教授，后兼任副系主任、系主任。1980年代初期，北京林学院一直聘请清华大学朱畅中、赵炳时、周维权、华宜玉、郭德庵、莫宗江等先生兼职开设了风景区规划、城市规划、中国古典园林史、美术等方面的课程或指导毕业设计；还聘请了北京大学的侯任之、陈传康、谢凝高、冯午、李懋学等先生，以及中国科学院植物研究所的侯学煜先生授课；1982年，引进了同济大学毕业生徐波和洪婉华讲授教城市规划和建筑设计等相关课程；聘请北京市园林科学研究所的陈自新先生开设了城市园林生态系列讲座。

陈俊愉在学术研究的过程中一直坚持独立性与批判性，而不是人云亦云。他曾谈及自己与米丘林学派的辩论，坚持科学遗传学。20世纪80年代初，陈俊愉曾亲自主讲科学遗传学，从而在园林学院首开园林植物遗传育种学课程，为这门课程的发展奠定了科学基础。此后，这门课程的建设始终是在陈俊愉最初的规划布局下发展。他还曾经亲自邀请诸多现代生物学名家到北京林业大学讲学。如，邀请侯学煜院士讲授生态学，邀请北京大学吴鹤龄院士讲授分子遗传学，邀请北京大学冯武院士讲授细胞遗传学，邀请北京大学李懋学院士讲授染色体研究技术，坚持将植物生理学知识应用到园林植物栽培中。这些在本科生和研究生中开设的课程，为园林植物的科学研究奠定了宽广的生物学基础，打开了学生们的视野，为后续开展园林植物生物学研究开辟了道路。

在与日本专家争辩菊花起源的问题中，陈俊愉为了用科学的事实来验证，他带领几届学生潜心研究，开创了应用实验生物学技术研究观赏植物起源问题的方法，继而采用可以利用的全部生物技术手段来研究菊花起源，不断搜集资料，证明菊花真正的故乡就是中国。通过大量远缘杂交试验，证明广布在中华大地的菊属多个物种是参与今日栽培菊花起源的祖先种。地被菊品种群的育成是陈俊愉在研究菊花起源的过程中的一个重要的副产品，而这个品种群的选育成功开启了陈俊愉院士“野化育种”的实践。他也常常不断反思，不断修正。比如，针对菊属，学名到底是“*Dendranthema*”还是“*Chrysanthemum*”，他非常审慎，他追踪植物分类学研究的最新成果，并在后续发表论文时及时对学名进行修正。

在实际育种工作中，陈俊愉始终坚持使用科学方法。如在地被菊区域试验，育种工作者为了明确所选育新品种适合推广地区及其发展前景，必须在大规模推广之前进行区域试验。陈俊愉指出区域试验设计原则和方案是选择花卉新品种区域试验的设计，须遵照设置重复、随机化、局部控制，保证各处理所处立地条件等尽量一致。在试验方案上，当供试品种较多时，一般采用完全随机区组设计，这一方法较为简单易行。如品种较少，则以用拉丁方设计为佳。试验结果分析一般须进行不同年度重复间、同一地区重复间及不同品种间的差异显著性分析。对于同一品种，则分析在不同地区间的差异，确定其最适地。就地被菊而言，虽已在全国多个地点进行了多年的区域试验，初步结果表明不同品种间存在差异，同一品种在不同地点表现也不相同，尚有待于系统积累经验。通过试验分析提出仅‘金不换’‘紫荷’等几个品种在各地均表现优异，显示出极强的综合抗逆性。但一般而论，绝大多数地被菊新品种在东北、华北、西北地区是比较适应的，有些还表现突出，可以扩大应用。这种对品种应用的审慎态度是当代育种工作者特别值得学习的可贵品质。

二、卓尔不群

改革开放后，陈俊愉积极组织国际交流与合作以拓展师生的视野，如1994年赴日本静冈丸子梅园参观，1995年与日本果梅专家松本纮齐夫妇交流，等等。为了培养学生的国际合作与交流能力，应邀来校的外国学者轮流由在读研究生全程陪同和翻译，这种信任和锻炼机会使当时的学生们受益终生。北京林业大学园林学院因广纳贤才而逐渐形成了独树一帜的兼容并包、卓尔不群的价值追求和人才培养体系，这离不开陈俊愉广阔的视野和博大的胸怀，也因此成就了一代代园林工作者和我国的园林事业。

陈俊愉一生关注我国的园林建设发展并坚持发声。他在91岁高龄时，看到园林建设中的“形象工程”“铺大草坪”“建大广场”等现象，亲自撰写《园林城市建设中出现的误区》一文，提出园林建设一定要有方针，“应该多研究我们自己的草，不要总捡外国现成的”，引起同仁强烈的共鸣和热议。

陈俊愉对中国城市园林的生物多样性缺失深感忧虑，并对此进行了不懈的探索。在1998年，陈俊愉代表园林界撰写了《中国生物多样性国情研究报告——观赏植物》，多次呼吁城市生态系统要重视和丰富生物多样性，他写的内参受到了中央的高度重视。在北京申奥成功后，他特别关注首都城市绿化建设，提出北京常绿和针叶植物应用太少，并呼吁重视松柏植物的开发应用。在全国观赏植物多样性及其应用研讨会上，陈俊愉结合当前园林中的问题和现状，再次亲自撰写《我国城市园林建设规划中的生物多样性问题》。在花卉产业方面，陈俊愉提出了“传统名花产业化”“中国名花国际化”和“世界名花本土化”的战略思想，着重强调要把中国从“花卉资源大国”变成世界的“花卉大国”和“花卉强国”。陈俊愉始终把握着园林花卉发展的脉搏，高瞻远瞩地提出国家园林建设的战略发展方向。

第六节

育人观

一、传道授业

陈俊愉很重视研究生教育，并有一套完整的研究生培养思路。他重视言传身教，以身作则。他强调扎实的基础理论学习和基本功的训练，重视实践能力，特别是动手能力的培养；他注重利用高校的优势，让学生跟不同学科的教师吸取广泛的知识；他重视研究生的独立思考能力，同时注意发扬学术民主。他的学生，现中国花卉协会牡丹芍药分会副会长李嘉珏的研究生论文选题，就从总结花农种植梅花的栽培经验入手，题为《控制水分对梅花生长和花芽分化的影响》。他亲自到温室为学生鉴定梅花品种，请来自河南鄢陵的靳师傅指导学生对盆花进行管理。为了解决试验中的有关难题，他亲自骑自行车载学生去北京农业大学（现中国农业大学），向植物生理方面的专家沈隽教授请教。1964年夏，他亲自带李嘉珏和胡京榕两位研究生到秦岭进行教学实习（当时还有苏雪痕老师参加）。一到西北农业大学（现与其他学校合并组建为西北农林科技大学）的火地塘实验林场，他就全身心投入大自然的怀抱，指导学生进行野生观赏植物的调查与鉴定，总结它们的垂直分布规律与生态习性等。他常常工作到日暮还迟迟不愿归。在野外实习中，陈俊愉知识之渊博，植物分类学基本功之扎实，都让学生自感望尘莫及，从而也激发出学生更加努力学习的强烈欲望。陈俊愉有许多优良的工作习惯，如将笔记本、照相机随身携带，随时记录所见、所闻、所感等。多年耳濡目染，他的学生也养成了这个好习惯。研究生期间的系统学习和严格训练，特别是受到陈俊愉思想直接的熏陶，为学生以后的工作奠定了扎实的基础。

陈俊愉为人和蔼可亲，非常关心和爱护学生，学生在陈俊愉家里汇报工作时，只要到了傍晚，他就留学生吃晚饭。陈俊愉非常重视培养学生的学习能力，要求学生养成时时处处学习和观察的习惯，一起吃饭时也不忘问学生餐桌上各种蔬菜水果的名称、科属，甚至学名。他常半开玩笑地说，回答不出就不能吃。与陈俊愉一起出差调研更是如此，在汽车、火车上他都会指着窗外的植物提问。这都是陈俊愉言传身教的教育方法。

作为一名杰出的园林教育家，陈俊愉有一句格言："聚天下之英才而育之，乃人生最大的乐事。"他的一生也实践并实现了他的格言。他培养了博士、硕士共50多人次。他培养的学生，都是各领域所在单位的栋梁之材。陈俊愉培养学生，从招收到攻读，都有严格要求。作为一名教育家，陈俊愉始终坚持"宁缺毋滥"的原则。陈俊愉对在读研究生的学习和研究要求极为严格，不仅要求他们学习好有关学科的基础课程，也要求他们熟练掌握相关的技术。

陈俊愉不仅为年轻一代树立了活到老学到老的榜样，他还尽一切力量给学生们创造学习先进技术的条件。他希望他的博士生都可以到国外进修一到两个学期。由于当时国内的研究生经费是很少的，实现这个计划必须要靠外援。为此，他寻找一切可能，终于成功地将张启翔、王四清、王彩云等博士研究生送到欧洲短期进修。陈俊愉也为马燕博士联系了美国的密歇根州立大学，但由于种种原因没能成行。如今，国内大学和境外大学各种形式的合作办学已是极为普遍了，陈俊愉当时的举动证明他的确是有高瞻远瞩的先行者，是一个真正站在为国家培养人才的高度来施教的园丁。

二、有教无类

无论身份还是年龄，只要向陈俊愉提出任何有关园林植物的问题，他都会十分热情仔细地为你解答，而谈话中一定会涉及很多在这方面有过贡献的人名，从他的导师章文才院士，到公园的花匠刘师傅，都会经常出现在他的谈话中。这不仅体现了一位科学家的知识渊博，更说明了他的坦荡胸怀与一视同仁。

陈俊愉提倡栽梅这些年，常有人慕名而来。陈俊愉院士除了免费传授技术，还指点他们到哪儿去买苗、怎么种。"与国外相比，有些方面我们做得还不够。手里攥着好的项目，却不能转化成农民致富的钥匙，我心里着急。"

青岛梅园创始人庄实传，1991年投资包下千亩荒山植梅。由于不了解梅花的习性，总是种不活。后来，从电视上知道陈俊愉是研究梅花的专家，就到北京来求救。陈俊愉实地考察后，把多年挑选和驯化耐寒梅花的经验亲传庄实传，并且请了种梅的老专家，帮他培训人才，还为他穿针引线从全国引进品种100多个。如今，青岛梅园已经成了北国最大的梅园。

中国花卉协会荷花分会原名誉会长王其超和其夫人中国荷花研究中心教授级高级工程师张行言回忆道：“我和夫人张行言虽然并非陈俊愉院士直接授课的学生，但他和我俩之间的关系情同师生。”陈俊愉院士治学严谨，处事谨慎，是我俩学习的楷模，多年以来，我和夫人先后编著或主编荷花相关书籍10余册。陈俊愉院士或写序，或题词，或题写书名，并给予实事求是的客观评价，字里行间流露的师生情谊，情真意切，感人肺腑！

参考文献

陈俊愉. 梅花研究六十年[J]. 北京林业大学学报, 2002(Z1): 228-233.

陈晓丽, 吴斌, 张启翔. 纪念陈俊愉院士[J]. 风景园林, 2013(4): 18-51.

大师访谈[J]. 风景园林, 2012(4): 24-32.

高翅. 在陈俊愉院士百年诞辰上的报告[Z]. 北京: [出版地不详], 2012.

景新明, 章丽君. 迈向国家植物园: 北京植物园建设的回顾与展望[J]. 中国科学院院刊, 2006(3): 255-257, 174, 263.

李嘉珏. 深切怀念恩师陈俊愉先生[J]. 中国园林, 2012, 28(8): 13-15.

马燕. 待到山花烂漫时: 纪念我的恩师陈俊愉先生[J]. 中国园林, 2012, 28(8): 23-24.

马玉. 梅落风骨在，人去志犹存: 陈俊愉院士园林职业教育思想体系回顾[J]. 农业科技与信息(现代园林), 2013, 10(6): 25-26.

孙洪仁, 汪矛. 紧要的问题是培养实践技能: 访中国工程院院士、著名花卉学家陈俊愉教授[J]. 中国高等教育, 2002(2): 30-31.

王彩云. 宗师的风范，伟大而平凡[J]. 中国园林, 2012, 28(8): 25-27.

王其超, 张行言. 怀念恩师陈俊愉院士[J]. 中国园林, 2012, 28(8): 6-7.

张启翔. 花凝人生香如故: 深切怀念陈俊愉院士[J]. 中国园林, 2012, 28(8): 20-22.

第四章

清气满乾坤：学术思想广影响

第一节

所获重大奖项

一、获首届中国观赏园艺终身成就奖

“中国观赏园艺终身成就奖”是由中国园艺学会观赏园艺专业委员会、国家花卉工程技术研究中心联合评选的权威奖项，用以表彰为我国观赏园艺学科发展和观赏园艺事业作出重大贡献的园林园艺工作者。

2011年，首届“中国观赏园艺终身成就奖”揭晓，中国工程院资深院士、北京林业大学教授陈俊愉院士成为首位“中国观赏园艺终身成就奖”获得者。

评委会撰写的颁奖词简要概括了陈院士的重大贡献：“想当初壮志少年，求学海外，历经半生荣辱，坚贞不屈，开中国植物品种国际登录之先河；四十年致力菊花起源探索，传花经，著梅志，攻难关，用尽千方百计；而如今学界泰斗，誉满中华，育得满园桃李，孜孜以求，创我国梅花北移两千公里之奇迹；七十载潜心传统名花研究，为国花，志未酬，心依旧，依然百折不挠。”

二、获首届中国风景园林学会终身成就奖

中华人民共和国成立以来，特别是改革开放以后，中国风景园林事业迅猛发展，这是中国几代风景园林从业者脚踏实地、不断创新、辛勤耕耘的结果，是无数为风景园林事业发展呕心沥血、鞠躬尽瘁的优秀人士终身为之贡献的结果。为表彰长期为推进全国风景园林事业发展以及科研、教学和实践工作作出杰出贡献的风景园林工作者，中国风景园林学会决定自2011年起，设立“中国风景园林学会终身成就奖”。经专家推荐、征求地方意见和评审会讨论，中国风景园林学会研究决定首届“中国风景园林学会终身成就奖”授予陈俊愉等9位同志。希望其他同仁以这些同志为榜样，热爱本职，刻苦钻研，努力工作，为学科建设和行业发展贡献力量。

2012年5月31日，陈晓丽理事长等人看望了荣获中国风景园林学会终身成就奖的陈俊愉、余树勋、孙筱祥三位老先生，向他们颁发了荣誉证书。陈晓丽理事长高度赞扬了老先生们为我国风景园林事业的发展及其在教学、科研与实践等方面所作出的突出贡献。一同前往看望的还有时任北京林业大学党委书记吴斌、时任园林学院院长李雄、时任园林学院书记张敬，以及时任中国科学院植物研究所北京植物园常务副主任、博士生导师王亮生研究员，时任北京园林学会秘书长徐佳，等等。

三、获首届中国梅花蜡梅终身成就奖

2012年，陈俊愉荣获中国梅花蜡梅终身成就奖，这也是首届梅花蜡梅终身成就奖，用以表彰陈俊愉对梅花蜡梅研究作出的贡献。

在陈俊愉的带领下，经过50多年的引种、选种和育种等多方科研，完成了南梅北移的壮举，育成30多个抗寒梅花新品种。梅花不仅在北京，而且在关外（沈阳、长春等）、塞外（赤峰、包头等），甚至边远地区（乌鲁木齐、大庆等）都露地开花，至此已将梅花北移2000余km。这是世界植物引种驯化史上的一个奇迹。

除此之外，陈俊愉在梅花品种分类上还创立了世界上独一无二的“二元分类法”，进而形成了花卉品种分类的中国学派。陈俊愉创立并领导中国梅花蜡梅协会（后改为中国花卉协会梅花蜡梅分会）21年，把中国梅花蜡梅的研究带到了国际最前沿，被国际园艺学会授权为梅花及果梅的国际植物（品种）登录权威，陈俊愉也因此成为第一位获此资格的中国园艺专家。

第二节

学界及业界评价精选

陈俊愉讲授过遗传学、达尔文主义、耕作学、花卉学、造园学、观赏园艺学、普通植物学、普通园艺学、果树蔬菜选种及良种繁育学、园林规划设计、园林树木学、园林建筑学、花卉品种分类学等多门课程，长期担任北京林业大学园林系副主任、主任。他在专业的教学科研中贯彻爱国主义教育，是课程思政的典范，教学业绩丰硕，门下弟子云集。陈俊愉围绕国家战略、行业发展等主持了一系列科学研究，科研成果累累；兼任中国园艺学会、中国风景园林学会、中国花卉协会等国家级学术组织的主要负责人，十分注意国内外园林花卉研究发展的动态，及时吸收国内外新的科研成果，带领行业健康发展，赢得了园林园艺的学术界、产业界和社会的广泛好评。

虽然陈俊愉已经离开我们十周年，但是他的学术思想的影响力愈加发扬光大。因为在陈先生的学术思想影响下，他培养的学生已经成为园林园艺方面的大学教授、风景园林行业的领导、风景园林实践的高级工程师或企业高管，他们传承陈先生的学术思想，践行立德树人的理念，培养扎根中国大地的全面发展的园林人才，创造中国特色、世界气派、国际一流的新园林。

一、教育界评价精选

陈俊愉是北京林业大学教授，是中国园林植物与观赏园艺学科的开创者和带头人，园林植物专业第一位博士生导师，直接指导培养了25位博士、31位硕士，本科生难计其数，花卉行业的门外弟子更是数不胜数，他们已成为我国园林事业的中坚力量。

（一）教育界评价——王洪元

北京林业大学党委书记王洪元在纪念陈俊愉先生百年诞辰的讲话，着重讲了如何传承陈俊愉院士的学术思想。

陈俊愉先生有一个美称，叫“梅花院士”，他却自谦为“百花之仆”。陈俊愉先生九十载人生与中国花卉的命运紧紧相连，七十年事业为中国百花的繁荣呕心沥血，他为花奉献，为花奔忙，为花憔悴，与花同艳。他的爱国奉献、潜心致学、教书育人，为园林事业奋斗终身的高尚品格和光辉事迹，值得认真学习、继承和发扬。

陈俊愉先生赤子报国，无私奉献的爱国情怀值得学习。1950年，从丹麦获得硕士学位后，陈俊愉先生历尽千辛万苦，克服重重阻碍，毅然携妻带女回国，投身祖国的建设事业。尽管在工作中几经坎坷沉浮，辗转云南十载，陈俊愉先生却不畏艰难，坚守信念，始终把爱党爱国铭记于心。在陈俊愉先生89岁高龄时，他还走进党课教室，认真地告诉入党积极分子“做人、成家、干事业、为国家”是他的人生信条。

陈俊愉先生以事业为重，执着追求的拼搏精神值得学习。1979年，辗转10年之后，陈俊愉先生回到北京，当时已是62岁高龄，面临资料遗散、图片丢失，选育的梅花抗寒品种也被付之一炬的窘境。他凭着空前的热情，组织全国各地的梅花专家协作，仅用6年时间就完成了全国各地梅花品种的普查、搜集、整理和科学分类。1989年，72岁的陈俊愉先生主编的《中国梅花品种图志》问世。这是世界上第一部全面系统介绍中国梅花的专著，展示了中国独有的奇花并获得世界的承认，奠定了学术基础。1996年，79岁的陈俊愉先生出版了《中国梅花》，系统完成了中国梅花品种的研究。1997年，80岁的陈俊愉当选为中国工程院院士，成为当时中国园林花卉界唯一一名院士。1998年，81岁的陈俊愉先生被国际园艺学会授权为梅品种国际登录权威，成为获此资格的第一位中国专家。而直到陈俊愉先生病重住院，他还在医院为即将出版的《菊花起源》做最后的校注。陈俊愉先生终其一生为园林呕心沥血，充分体现了一名共产党员对祖国、对人民无限热爱的赤子之心。

陈俊愉先生潜心致学、勇于创新的学术风范值得学习。陈俊愉先生是当今中国园林植物与观赏园艺学界泰斗，是中国园林植物与观赏园艺学科的开创者和带头人。这位老人用半个世纪的奋斗终结了一个自然现象——自古梅不过黄河。如今梅花不但飘香大江南北，而且开始推广到北欧、北美及世界各地。陈俊愉先生在园林植物品种分类体系中独创的“二元分类”学术思想，为中国花卉资源整理、分类研究、结合应用指明了方向。陈俊愉先生提出了“传统名花产业化”“中国名花国际化”“世界名花本土化”的战略思想，志在把中国从“花卉资源大国”变成“花卉强国”。陈先生率先为我国“双国花”的评选呼吁呐喊，提高了社会大众对花卉的关注度，极大促进了花卉产业文化的繁荣与发展。

陈俊愉先生教书育人、诲人不倦的崇高师德值得学习。陈俊愉先生是一位倍受尊敬的园林教育家，作为园林植物专业第一位博士生导师，他投身园林教育半个多世纪，倾心育人、桃李满天下。他的学生多已是教授、研究员和高级工程师，成为我国园林事业的中坚力量。作为一名教师，陈先生勤于治学，也重在育人。他在《九十感言》中第一条就说：“教书先要教人，要把爱国主义教育贯彻到教学和科研中去。”他身体力行，也一直是这样做的。2007年，90岁高龄的陈俊愉先生给500名北京林业大学新生做入学讲座。陈老先生坚持站着讲了4个小时，从“仁义礼智信、德智体美劳”10个方面给学生上了大学第一课，得到学生们的热烈反响。

在陈先生教育思想的影响下，成长起来的一批批园林人才，引领着中国园林教育的快速发展。

（二）教育界评价——苏雪痕

北京林业大学园林学院教授、博士生导师，园林系原系主任、花卉研究所所长，国务院学位委员会林科组原成员，中国风景园林学会花卉盆景分会原副理事长苏雪痕，是陈俊愉先生的学生，也是他的助手。苏教授表示：陈俊愉先生在教学过程中注重实践，强调知行合一，还在为人处世上对学生有很高的要求。

1957年，我从上海外语学院俄语专业转入北京林学院（现北京林业大学）城市及居民区绿化专业学习。由于俄语免修，加上苏州农校园艺专业的基础，我在大学学习期间比较轻松。不安分又调皮的我常常喜欢考陈俊愉先生。记得和陈俊愉先生第一次接触就是我摘了一片萌蘖枝上很大的小叶杨叶片去考他；第二次又摘了一片枫杨的羽状复叶去问他叶轴上的叶翼是如何在演化中形成的；第三次我将雪松的松针二头截去一些，问陈俊愉先生是什么植物。陈俊愉先生说：“小家伙，你考了我3次了，你叫什么名字？”从此，陈俊愉先生认识了我。

三年级刚学完，时任系副主任的陈俊愉教授就将我抽调出来作为他的助手，并制订师徒培养计划，即何时达到讲师、副教授、教授水平。从此，他就将我带在身边，一边让我参与他的科研教学活动，一边给我补四年级的课。最后，我的毕业论文就是关于梅花生物学特性方面的内容。从20世纪60年代开始一直到1978年，从云南回京后我才正式离开陈俊愉先生，独立地选择自己感兴趣的专业方向，即植物配置与野生花卉。而这2个内容又恰恰是陈俊愉先生提出和启发的。在园林树木教研室时，陈俊愉先生就提议将来让张天麟老师深入植物分类的领域，我深入植物生态及应用的领域。有一次去桂林出差，船在漓江搁浅。上岛时，陈俊愉先生采了很多野生植物，趁未开船前，当众考我，只要我说出科属就行。这才让我意识到野生植物资源的重要性。之后，我随着陈俊愉先生或单独去各山区和植物园出差时，都认真收集这方面的资料。在教学中，陈俊愉先生不但一开始就放手锻炼我辅导毕业论文，带苗圃实习，在成立果树专业时还让我负责果树教研室，给新生主讲果树栽培学。记得上第一堂课时，我买了3只重3斤半（1.75kg）的“肥城桃”，放在讲台上就开讲了。这一堂果树资源介绍讲了很长时间，都忽略下课铃了。讲完后，陈俊愉先生就说他在门口听我讲，怎么讲了这么长时间，他已为我着急。

在云南下放期间，《中国树木志》编辑团队邀请陈俊愉先生撰写最后一章棕榈科，但陈俊愉先生提出除非我再次当他助手，他才接受。为此项任务我才有机会去了西双版纳勐醒河边的热带季雨林、海南尖峰岭的热带雨林、广西十万大山等野外调查，同时也多次去西双版纳植物园、华南植物园、厦门植物园等地调查，为我熟悉热带园林植物打下良好的基础。在撰写初稿时，陈俊愉先生分给我一半的工作量以锻炼我的撰写能力。平时，陈俊愉先生讲植物的学名比中文名多，而我恰恰是听比读记得快，因此潜移默化中很多植物的学名我也记住了。在中国科学院植物研究所看腊叶标本时，我发现鱼尾葵等很多植物的学名错了，就自作主张地改了过来。陈俊愉先生发现后阻止了我，还批评我太自大。

陈俊愉先生在做人方面也没少教育我，他常为我的自大急躁而批评我。我行事常不拘小节，我行我素。记得初入师门时，有一次，陈俊愉先生正午睡时我就去找他，他醒后就给我讲了一个“程门立雪”的故事，教育我要尊重师表。1966—1976年，在云南，陈俊愉先生受

"审查"期间，学校恢复招收工农兵学员，由我负责领导教学。为了保证教学质量，我说服了学生一起与军宣队说理后，去了上海、杭州、镇江等地开门办学。过去陈俊愉先生对我说过，在知识积累中，如果教学有一杯水的量，自己要有一桶水的量。陈俊愉先生做学问、做事都很认真，但很强势。最让我感动的就是在我们1957级同学毕业50周年聚会的座谈会上，陈俊愉先生做发言，在发言结束前竟然向孙筱祥先生和柳尚华先生为了以前对他俩做过的一些不当的事公开道歉，还向孙筱祥先生鞠了一躬。在这年逾古稀之时（2007年），还有此勇于认错的胸怀，大大教育了我们全班同学。我认为陈俊愉先生对我的优缺点了如指掌，我也非常了解他对我的爱护、要求和期望。他常批评我懒，不肯写文章。第一次在他家挨批后，我一口气写了4篇文章，发表后给他看了，他说："这难道是给我写的啊？"在他临终前1个月，我送去了由我主编和刚出版的《植物景观规划设计》一书。他很高兴，并说："看来常批评你是对的，还要批评得更加重些。"

我很感慨师从陈俊愉先生这么长时间，至今在中文、英文水平、知识面、勤奋等诸方面都不如老师，但有一句话是我牢记和终身受益的，那就是："对任何一件不顺利的事一定要坚持，不坚持就是零，而坚持至少有零点几的可能，而这零点几可以不断扩大，这就有成功的希望。"陈俊愉先生真是一位具有持之以恒、坚韧不拔、顽强不屈的优秀品格的榜样。

（三）教育界评价——黄国振

黄国振先生1962年考入北京林学院城市及居民区绿化系园林植物育种专业研究生，师从陈俊愉教授，毕业后在中国科学院武汉植物园工作，曾担任中国科学院武汉植物园研究员，退休后担任青岛中国睡莲世界的首席研究员、中国花卉协会荷花分会的常务理事、美洲华人生物科学家协会的终身会员、国际睡莲水景协会的终身会员，荣登"世界睡莲名人堂"。这是国际睡莲界最高荣誉，他也是唯一健在的"世界睡莲名人"。

作为陈俊愉先生的第一代研究生，从他那里，我不仅学到了科学知识，也学到了为人的哲学和基本的道德观，所受的教益真是太多了。陈俊愉先生培养了博士、硕士共50多人。他培养的学生，都是各领域所在单位的栋梁之材。陈俊愉先生培养学生，从招收到攻读，都有严格要求。作为一名教育家，陈俊愉先生始终坚持“宁缺毋滥”的原则。陈俊愉先生对在读研究生的学习和研究要求极为严格，不仅要求他们学好有关学科的基础课程，也要求他们熟练掌握相关的技术。使我感受深刻的是，在读一二年级时，每年暑假，陈俊愉先生都要我到京郊黄土岗人民公社劳动锻炼一个月，向那里的花农学习园艺植物的繁殖栽培技术，这对我来说是很必要的。因为我在综合性的大学里并没有学过这样的课程，也没有相关实习。通过2个暑假的实践，我练就了一手熟练的植物嫁接技术，这也令我受益终身。

陈俊愉先生治学严谨，无论做什么事都细致认真，大事小事皆一丝不苟。在科研工作方面，陈俊愉先生始终贯穿严格、严谨、严肃的精神，从课题计划的制订到具体实施，直到试验结果和数据的分析，都始终坚持这样的原则。即使是对一些小错误，陈俊愉先生也不放过。记得入学初期，写学习和研究课题计划，那时刚开始文字改革。我用惯了繁体字，写起来常出错，他都逐一给予改正。2006年我完成《睡莲》一书的写作，请陈俊愉先生为该书写序，为此他把书通读了数遍。

陈俊愉先生有高尚的道德品质，他学深位高，但从不居高自傲，而是平等待人，平易近人，而且几乎有求必应。多年来，不少著者请陈俊愉先生为书写序，不少单位和个人请他题字，还有很多单位请他兼职指导，他都欣然答应，而且从不讨价索酬。几十年来，我和陈俊愉先生既是师生关系，也是亲密的朋友。我育成新品种，他帮助命名；我有新研究成果，他远道前来亲自主持成果鉴定。我们多年来一直保持联系，交往密切。

在和陈俊愉先生的最后一次通话中，陈俊愉先生还亲切地嘱咐我说：“国振，你也是80岁的人啦，工作中要注意休息，劳逸结合。”这亲切的话语，至今悠然回响在耳畔。陈俊愉先生，您永远活在学生和朋友们的心中。

（四）教育界评价——陈瑞丹

北京林业大学园林学院副教授、中国花卉协会梅花蜡梅分会副秘书长、陈俊愉先生的外孙女陈瑞丹表示：陈俊愉先生在教育中不仅强调治学严谨，还要求学生德才兼备。

在别人眼中，我的外公是中国工程院资深院士、北京林业大学最德高望重的老教授、中国园林界的一代宗师等。但是于我而言，绝不仅仅如此。应该说，他不但是我的外公、我的良师益友，也是我一生中最重要的人。没有他就没有我的今天。我们在一起生活了30多年，在他的培养下，我一天天长大，现在成为一名大学教师。但是30多年前，瘦小的我在人们眼里，就是可怜的小孩子。没有人想到，今天站在讲台上的老师曾经是那个样子。现在回想起童年时与外公在一起的经历，都是我人生宝贵的财富。

因为父母离异、母亲残疾，所以我从7岁起便与外公、外婆一起生活。从处处胆小、防范、自卑、自怜，到认识自己的能力，获得自信，变得自立自强，并逐步成为好学生、好老师，其中的酸甜苦辣是外公、外婆陪我共同经历的。所以，我经常用自己的经历鼓励我的学生要相信自己、自立自强。谁能想到，小时候非常胆小、害怕上课发言的人，今天居然可以站上讲台滔滔不绝地讲课，台下还坐满学生呢？命运有时候确实是神奇的！

从我小时候开始，外公就一步步走进我的心里，成为我敬佩和依赖的长辈。他教育我人贵在有自知之明，要认识自己的缺点，扬长避短。在这样的教导下，我清楚地认识到应选择适合自己的专业，努力学习，在学习中产生浓厚的兴趣是非常幸运和幸福的事。

在研究生学习期间，外公不仅仅在专业方面对我进行培养，他还会与我谈人生、谈做人。他常说，对于受过高等教育的人来说，人品比什么都重要。这一点，不仅在他自己的人生中发挥了非常重要的作用，也影响了我的人生道路。进入研究生阶段以后，我经常会有一些比较叛逆的想法。如转博的时候，外公非常希望我能顺利转博，用5年时间拿到博士学位（通常别人6年才能完成从研究生到博士生毕业的过程）。当时，我只考虑到自己的需求，占了转博的名额还想出国。如果出国成功，就会浪费转博的名额，成为别人眼中只考虑自己利益的极端利己的人。我被他一句话点醒，茅塞顿开，心中惭愧。现在在教学和生活中，看到很多年轻人都会犯与我当时类似的错误，过分强调自己的需求，而没有考虑集体或其他人，当愿望不能达成时会陷入深深的痛苦之中。所以，我很庆幸自己在生活中始终有外公作为人生的导师，为我指点迷津，让我朝正确的方向前进。

外公与学生们在生活中的相处是非常融洽，但是，在专业学习中，如果学生犯错，他会毫不留情地批评学生。说他是一位“严师”，一点都不为过。曾经有研究生因为家庭困难，跑出去搞生产赚钱而影响了课题研究，被外公训斥并让其退学。当然，此事最后得以顺利解决，学生回到了学校，最终也顺利毕业。但是外公所生的气、训斥学生的话都反映了他对学生的“爱”。所以，老师对待学生的爱，不仅仅是和颜悦色，有时也应该严厉地教导，目的都是促进他们成长。

我博士毕业之后，留校任教。在教学过程中遇到问题，总喜欢向外公请教。比如，如何回答学生所问的问题，让他们满意。外公会举他自己的教学例子来启发我。他格外强调“教学相长”的作用。比如，口头对学生强调某个课程的重要性，有时不能达到满意的效果，很多事情是必须经历过才能体会的。他曾经与他的第一位博士生，北京林业大学原副校长张启翔教授提到研究生教学中花卉品种分类学的重要性，但是没有得到张启翔足够的重视。最后，外公决定把这门课转给张启翔上，张启翔立刻把压力转化为动力，好好备课。现在这门课已经成为张启翔最具影响力的课程，深受学生欢迎。外公知道张启翔取得的成果，一直深深为他感到高兴。这是他给我讲“教学相长”的一个范例。另外，还有一件趣事。曾经有学生故意将植物的叶片去掉，拿着“光杆”问他是什么。当外公答这是迎春，并说出他判断的理由时，学生真是心服口服。听了这些故事之后，我对学生的提问能够更加泰然处之。一方面，如果能够回答，我会如实告知，为作为老师能够为学生解惑而高兴；另一方面，如果不知道或不确定，便会促进我在专业领域不断进取，在查疑中提高自己，何乐而不为呢？

外公经常说的另一句话是“有教无类，因材施教”。他对孔子非常敬重，所以在平时的教学和生活中经常用孔子的一些思想来教导我。他会细致观察每一位学生的特点，根据他们的特点来选定研究课题，根据每位学生的特点来制定培养方案。比如，曾经有一位擅长在实验室工作的学生，外公就跟她强调观赏植物基础知识的重要，这位学生每天在家里播放植物学名，帮助记忆。否则，外公综合考试中的2000种观赏植物学名是非常难过关的。外公为我国园林植物与观赏园艺研究生的培养作出了巨大的贡献。他一直提倡的综合考试，从土壤学、植物学、气象学等专业基础课，到专业课程都有所涉及。学生准备的过程，也是他们学习提高的过程。所以，他培养的研究生都具备比较过硬的专业素质。外公对植物的兴趣会延伸到生活中来，还会在随时对学生提问，问题的内容涉及观赏植物、蔬菜等，包括它们的原产地、生态习性等知识。如吃着烤白薯的时候，问你白薯的学名、原产地。然后给你讲一个跟白薯相关的故事或历史事件。这样的教学模式渗透到生活的方方面面，对学生学习的促进作用非常大。这也反映出外公不仅专业知识非常过硬，知识广博程度也非一般人能及。

外公在最后的日子里仍然笔耕不辍。他喜欢陆游的词，也喜欢用“一树一放翁”来形容自己。我想他真正做到了这一点。在我成长的过程中，每当遇到挫折的时候，总能想起我们的一次谈话。那时，我沉浸在痛苦中不能自拔，没办法只能哭着回了家。没想到外公不但没有嘲笑我，反而对我说：“人生就像一本大书，这一页虽然痛苦，但它肯定不是全部，你怎么能肯定现在所经历的不是塞翁失马呢？”我听了这句话，停止了哭泣。他又说：“人生不如意之事，十之八九，锦上添花的很多，但是雪中送炭的却少之又少。既然如此，我们更应该自立自强，乐观向上地生活。”这几句话，点醒了我。一直到今日，乃至以后没有他陪伴的日子里，这都会是支撑我好好活下去的力量。在外公去世后的几天里，我经历了人生有史以来最最悲痛的时刻，朋友们和家人都说我成长迅速。外公最后离去的时候还在教育着我。

二、学术界评价精选

（一）学术界评价——张启翔

中国园艺学会副理事长、中国园艺学会观赏园艺专业委员会主任、国家花卉工程技术研究中心主任、国际园艺生产者协会原第一副主席、国务院学位委员会林科组成员、中国花卉协会常务理事、中国花卉协会梅花蜡梅分会会长、北京林业大学原副校长张启翔表示：陈俊愉先生是我国著名的园林学家、园林园艺教育家、花卉专家。

陈俊愉先生，是我的研究生导师和学业的领路人，陈俊愉先生一辈子与花结缘，欣赏花、研究花、栽培花、应用花，他的一生像花一样，灿烂而充实，结出了丰硕的果实和种子。他对事业孜孜不倦的追求，对中国花卉资源和文化的情有独钟，对科学研究的献身精神，对学生的关爱和严格要求，以及他的豁达开朗、自信、充满激情的音容笑貌时刻出现在记忆中。

在陈俊愉先生60多年的科研和教学生涯中，他为中国园林和花卉事业作出了卓越的贡献。他创立了观赏植物品种二元分类法；提出了着重于抗性育种的花卉育种新方向，对我国花卉育种起到了重要的指导作用；在我国梅花品种的调查、收集、整理、分类、品种登录、育种，以及组织全国梅花科研、生产、全国性展览、梅花蜡梅国际学术交流等方面作出了重大贡献；在金花茶育种及基因库建立、菊花起源及地被菊选育，以及蔷薇、月季的引种、育种等方面，取得了丰硕的成果。陈俊愉先生是我国的首位国际栽培植物登录权威，主持梅花国际品种整理与登录工作，在世界上产生了较大的影响。

陈俊愉先生学识渊博、治学严谨，他身教重于言教，在73岁时仍坚持自己带研究生实习，对年轻教师产生了巨大影响。他讲究学术民主，在为研究生授课时，学生有不同的观点，无论课上课下，都可以与他商讨，甚至争论。他十分注意国内外园林花卉研究发展的动态，吸取国内外新的科研成果。直到去世前一个月，陈先生还与我探讨梅花全基因组测序及精细图组装的研究进展，并将分子水平研究成果与抗寒基因表达结合起来研究。这样，不仅使研究生把握住了本学科的方向，而且还更新、充实和丰富了教学内容。陈俊愉先生培育了大批园林花卉专业人才，如今他的学生遍布全国，成为本行业的骨干力量。

陈俊愉先生的学术思想和理论，对于我国园林的发展、花卉的研究、园林教育和学院建设仍然有重大的意义：

第一，陈俊愉先生始终认为发展中国的花卉产业，必须以中国的资源作为核心。资源的挖掘与利用是中国花卉产业的根本。这是陈俊愉先生多年来一直坚持的理念。花卉作为一个产业，世界各国有不同的发展模式和道路。陈俊愉先生认为中国花卉产业的发展必须是以中国自己的资源为核心和突破口，原因就是中国是世界植物非常丰富的国家。我们生物多样性丰富、物种多样性丰富、遗传多样性丰富，植物栽培历史悠久，我国是很多植物的世界分布中心，而且在利用资源方面有很大的空间，但却没有很好地开发利用。中国是世界观赏植物最丰富的国家之一，但现在城市中用的种类相对还很少。陈俊愉先生提出以中国的资源作为发展园林植物和花卉产业的基础，这是很重要的学术观点。

第二，陈俊愉先生将抗性作为中国花卉育种的目标。我们过去的主要育种目标是花卉观赏性，像菊花是以盆栽观赏为重。陈俊愉先生多次强调，我们的研究不要忘了中国的国情。中国的国情是人口多，气候多变，夏天高温，冬天寒冷干旱；而且我们国家比较贫穷，不发达，植物应将抗性作为育种的一个目标。因此，陈先生开始了30多年的以抗性为主的地被菊花、刺玫月季、抗寒梅花的育种，并且培育了一批适宜于园林绿化、低成本维护的品种。

第三，陈俊愉先生提出了中国名花国际化与国外名花国产化的理念。他认为中国的名花要走向国际，不能只孤芳自赏，并对此开展相关工作。同时，他认为世界的名花也应该国产化，也就是世界的名花要在符合中国环境的条件下栽培。那种高能耗、高投入的发展模式不适合中国国情，中国还是要选择适合自己的发展道路。

第四，他以植物品种的国际登录来推动我国的植物育种，并提升我国植物品种在世界的影响力。梅花是我国第一个获得国际栽培植物登录权威的植物。陈俊愉先生认为我们中国这么大的一个国家，为什么自己的花被外国人登录了？梅花获得国际登录权后，陈先生在中国园艺学会申请成立了“栽培植物命名与国际登录工作委员会”，以将近90岁的高龄来做负责人。我协助他来做这个工作。我们现在与国际上的组织联系而且每年开好几次会，主要就是争取我们中国的花卉能够有一批成为国际品种登录权威。继桂花成为我国第二个品种登录权威后，现在，我们在争取菊花、龙眼、荔枝、枣树等也能陆续成为国际品种登录权威。中国园艺学会栽培植物命名与国际登录工作组现在一直在做这个工作。这项工作加快了我国园林植物育种的进度，提高了我国育种研究的水平，并且在世界的影响越来越大。

第五，陈俊愉先生践行花卉基础研究与应用研究并举的花卉科研道路。陈俊愉先生认为我国花卉的研究要顶天立地，因此他提出一个观点：在现有的基础上“三七开”，三分做基础研究，七分做应用研究。他认为研究花卉的科研工作者，不是农民做什么我们也做什么就行，我们得搞清楚为什么要这样做，要搞清楚原理。在目前我国发展的阶段，基础研究和应用研究都得做好。但应用研究占的比例要大些。作为一个95岁高龄的学者，他对我们进行梅花全基因组测序和精细图谱构建的工作非常赞同，并给予很大的支持。我们用了2年时间，完成了世界第一个梅花基因组测序的研究，陈先生对此感到非常高兴，并多次对其他花卉的基础研究提出了很多期许和要求。

陈先生为人谦逊、平易近人、精力旺盛、热爱教学。他那严谨的治学态度和勇于探索的创新精神，正在激励着年轻一代为祖国园林花卉事业的繁荣昌盛而奋斗。

（二）学术界评价——成仿云

北京林业大学园林学院教授、博士生导师，国家“863”项目主持科学家，中国花卉协会牡丹芍药分会常务理事，著名牡丹专家成仿云表示：众人多以为陈俊愉先生以研究梅花见长，殊不知他对各种名花都有很深的造诣，尤其是他对牡丹的精辟见解更使人折服。

陈俊愉先生传道授业解惑，使我受益良多，他对我人生的影响着实重大！我本来学的是植物学专业，后来由于对牡丹的兴趣以及与陈俊愉先生的结缘，才踏踏实实地走上了学习园林植物与观赏园艺的道路。回忆1993年，在北京召开“国际作物品种改良会”期间，我第一次见到陈俊愉先生，即为他的渊博知识、开阔胸襟与学者风度倾倒。

读博期间，在陈俊愉先生的指导与帮助下，我完成了牡丹的博士论文研究，实现了从植物学向园林植物与观赏园艺的专业转变，同时也确定了人生坐标。陈俊愉先生是我学习的榜样，在他的影响下，我才能坚持自己的爱好与理想，百折不挠。通过与陈俊愉先生一点一滴的接触，我在做学问方面有了大的提升。陈俊愉先生学贯中西，知识功底深厚，理论实践兼具，是一部读不完的百科全书。他谈起园林植物来，总是古今中外，滔滔不绝，杨柳榆槐椿、比利时杜鹃、现代月季、鸽子树、七叶树、雪松、油松、侧柏、棕榈、荔枝……他几乎无所不知、无所不晓。陈俊愉先生特别强调我国植物资源的丰富性与重要性，但从不否定发达国家在育种与栽培技术上取得的成就。陈俊愉先生雄厚的国学基础，使他对我国传统文化，尤其是花文化有着极其深刻的解读；陈俊愉先生高超的英文能力，使他能够及时掌握国际最权威与最前沿的研究成果；陈俊愉先生扎实肯干的工作作风与敏锐的洞察力，使他能够及时捕捉到行业发展的需要以及要解决的关键问题；还有陈俊愉先生举一反三的教学方式与严格的要求，使不同背景的学生都能在他的熔炉中冶炼成才。这一切就像中国园艺学会前理事长朱德蔚所言：“陈俊愉先生是大师。”

陈俊愉先生经常讲学园林首先要“杂”，要做“万金油”，然后再学有专攻。这是一条再清晰不过的治学线路图！陈俊愉先生经常跟我讲，研究就是反复钻研、反复思考，是“research”，“search”完了再“search”；研究生就是要研究。这是一个多么伟大的方法论！现在这也成为我指导研究生的重要法宝。

除了知识渊博外，陈俊愉先生最大的人格魅力就是他的爱国与敬业。陈俊愉先生出生于封建大家庭，生活在新旧中国的不同时期，有留洋的体验，也有被关牛棚的经历，人生旅途丰富而坎坷。然而，不论生活与事业顺利与否，都丝毫没有影响他对祖国的热爱。在与陈俊愉先生的每一次交流中，我都能感觉到这一点。我认为，正是这种伟大的爱国情怀，造就了陈俊愉先生的大度、自信与高瞻远瞩。记得我在赴日留学之前，他给我写了一首壮行诗：“牡丹真国色，丰富并提高；根植炎黄土，四海尽舜尧。”字里行间流露的都是爱国真情。我问他应如何与洋人打交道，他讲“不亢不卑”。这4个字从此成为我与国外交流的金科玉律。陈俊愉先生经常说他并不聪明，但勤能补拙，因此他异常勤奋努力。耄耋之年，还常为了写稿著书开夜车，这便是明证。陈俊愉先生的这种敬业品格的形成，与他热爱祖国、热爱生活、热爱梅花是一脉相承的。也许，这就是梅花精神，是陈俊愉先生留给我们的宝贵精神财富。

陈俊愉先生也把他几十年来科研、教学甚至人生的种种经验与认识，全都毫不保留地讲给我听。我觉得，我可能是他最幸运的弟子之一，因为陈俊愉先生传递给我的，是他超于梅花的知识与思想结晶。“要老、中、青结合”“研究要与实践结合、要与产业需要结合”“随着固有秉性的丢失，中国知识分子正在消失”“要放眼世界，但绝不要崇洋媚外”……陈俊愉先生浅显而精辟的观点与论述，是他百年人生的思想结晶，将永远是我们晚辈不可或缺的思想灯塔，我们将不断从中受益、从中得到启发与力量。

（三）学术界评价——王彩云

华中农业大学园艺林学学院教授、博士生导师，中国花卉协会花文化分会副会长，中国插花花艺协会副秘书长，中国风景园林学会园林康养与园艺疗法副主任委员王彩云表示：陈俊愉先生的学术思想富有战略性、前瞻性、批判性和忧患性，他始终能把握园林花卉发展的脉搏，高瞻远瞩地提出国家园林建设的战略发展方向。

20世纪70年代末，我刚进入华中农学院（现华中农业大学）时，对陈先生的尊敬和崇拜还停留在他一部部的著述中，多少是有些模糊的。而我真正开始近距离接触先生是在25年前，我成为先生的硕士研究生之后。时至今日，我一直庆幸自己能有缘追随这样一位伟大的导师。今天当我也肩负着教书育人的使命时，回顾和总结恩师的学术思想和师德之道，不禁感慨万千，深感受益匪浅！这里仅钩玄提要，以表景仰。

一是学术思想的战略性。陈院士在园林植物品种分类体系中独创的“二元分类”学术思想，为我国丰富的花卉资源整理、分类研究结合应用指明了方向，也成为我认识花卉资源，特别成为我从事桂花和菊花品种研究的启蒙和先导；他常借英国植物学家威尔逊《中国，世界园林之母》一书，把中国是“世界园林之母”的理念骄傲地灌输给一代又一代年轻中国园林人，给我们认识和开发利用民族花卉增强了信心；他终生立足中国传统名花的研究，躬身垂范地培育了大量具有我国特色的梅花、菊花和月季等新优品种；他率先为我国“双国花”的评选呼吁呐喊，提高了社会大众对花卉的关注度，促进了花卉产业与文化的繁荣与发展。

二是学术思想的前瞻性。20世纪90年代，当我还对国际品种登录权似懂非懂时，80岁高龄的陈院士被国际园艺学会授予中国第一个园艺类植物——梅花的国际登录权威。紧接着，在先生的亲自指导和关怀下，2004年，我国又拥有了第二个观赏植物——桂花的国际登录权威。我们总能体会先生胸怀中对我国其他名花登录权的使命感和夙愿。他说，我国作为国际公认的“世界园林之母”，在国际登录权申请方面起步却很晚。我国的十大名花除梅花与桂花外，其他8种均已被外国抢先取得“国际登录权”。他希望继梅花、桂花之后，中国也能申请到菊花的国际登录权。印象最深的是在他88岁高龄时，我们谈起登录话题，他说菊花现由德国负责，放在宿根花卉（perennials）类。如果需要，他可以亲自去英国、德国游说、申请，尽自己一份力。我被先生的这种宏伟的战略思想、伟大的责任感和身体力行的风范深深折服，在日记里记下了对先生的国际视野、敏锐感知的敬仰，并把这一天的日期（2005年12月17日）圈上了清晰的着重号！

三是学术思想的批判性。陈院士一生关注我国的园林建设发展，对于一些不和谐的做法，他会勇敢地发出自己的声音。先生在91岁高龄时，看到园林建设中的“形象工程”“铺大草坪”“挖大树”“建大广场”等，亲自撰文《园林城市建设中该注意的误区》，提出“园林建设一定要有方针”，“买洋草，受洋罪，代价太大”，“应该多研究我们自己的草，不要总捡外国现成的”。引起同仁强烈的共鸣和热议。

四是学术思想的忧患性。陈院士忧患“中国城市园林的生物多样性少”。早在1998年，先生就代表园林界撰写了《中国生物多样性国情研究报告——观赏植物》，多次呼吁城市生态系统要重视和丰富生物多样性，他写的内参受到中央领导同志的高度重视。在北京申奥成功后，他特别关注首都城市绿化建设，提出北京常绿和针叶植物应用太少，并呼吁重视松柏植物的开发应用。每次讲到我国丰富的松柏资源时，老人家都眉飞色舞，如数家珍，他说尤其像新疆、内蒙古、长白山等地方，松柏资源非常丰富，自生自灭太可惜。他还感叹欧洲虽然松柏资源少，但园林应用多。记得2004年，我在荷兰学习期间，他特别叮嘱要我利用圣诞节假日去调研丹麦、瑞典等国家的园林植物多样性，说冬天是调查常绿阔叶和针叶植物在园林中应用的最佳季节。之后，先生结合当前园林中的问题和现状，再次亲自撰稿《我国城市园林建设规划中的生物多样性问题》，在观赏园艺年会上引起了同行的共识和高度重视。

在花卉产业方面，陈院士提出了“传统名花产业化”“中国名花国际化”和“世界名花本土化”的战略思想。他总是一遍一遍地畅想着、号召着、呐喊着要把中国从“花卉资源大国”变成世界的“花卉大国”和“花卉强国”。我作为先生的学生，倍受鼓舞；作为园林事业的一名中年教育工作者，我更觉得先生的思想就是我引路的明灯，指引着我教育和科研的方向。

陈院士是我们园林界的一代宗师和泰斗，我想其卓越的学术风范与为师之道是几天几夜都说不完的。这里我只讲几个小故事，领略大师成功之道，管窥一豹。

一是陈院士的勤奋好学与执着坚守。先生总是随身携带小记录本，我们学生都有极深的印象。为了实现他“梅花北移”的梦想，先生几十年如一日，每天晚上听完新闻联播之后都有记录天气的习惯，一共厚厚的几十本。当看到他实现了梅花“南梅北移”2000余km的壮举，我们理解了他说的学术要执着与坚守的含义。他随时记录看到的、听到的新知识、新现象，对我们提出的小到饭桌上的蔬菜水果典故，大到国内外园林、园艺等方面的宏观问题，他都能一一解答并能找到出处。从人们对他“活字典”的赞誉中，我领略到了他“日积月累”的真功夫！看到先生床头、沙发和书桌到处摆满的书籍或读书笔记，先生的一句话又在我耳边回荡：“我并不聪明，但很勤奋。”

二是陈院士的实践精神。先生注重记录也特别注重实践，善于利用一切可以利用的条件进行研究和实践。北京林业大学不大的校园，包括其附属的幼儿园都成了他研究梅花、棕榈耐寒性的试验基地；墙头犄角方寸之地也是他观察牵牛花生长的场所。记得2004年4月1日，我从荷兰回来去看87岁的陈院士，他说：“我们去校园做杂交，边工作边聊。”他腿脚不太灵活，一点点地移动着小马扎，一边教我如何做紫叶李与梅花的杂交，一边做着记录，还不时给我讲法国人安德烈用紫叶李与宫粉梅杂交获得‘美人’梅，我们国家又如何从美国引进的故事。他说，实践和记录观察多了，才能发现规律，才能培养发现问题的兴趣，才有正确的思考。

三是陈院士追踪学术热点的敏锐嗅觉。先生已习惯每天花很多时间读书看报。师母杨乃琴老师说晚年的陈院士也是如此。我想这是先生不落伍、不保守、与时俱进的法宝吧！记得2010年5月的一天，我去先生家拜访，刚一进屋，先生就一边拿起《科学时报》，一边谈起了他看了美国《科学》杂志刚发表的一篇文章的感想。他从人类起源进化中尼安德特人的古DNA测序最新研究成果，谈到他正在研究总结的菊花起源的课题上。他说，既然生活在欧亚大陆的人群比生活在非洲的人群在基因序列上离尼安德特人更近，并由此推测得到“欧亚大陆的现代人很可能和尼安德特人有过杂交”的结论，那么，这一理论是可以指导我们思考陶渊明时代菊花起源的研究的。他认为，我们至今虽然没有发现紫花野菊与野菊的杂交种，但不能否定紫花野菊没有参与起源。先生的这一点拨，为我重新思考和定位自己过去研究菊花分子进化问题具有很大启发。我很感动晚年的先生还依然有这么睿智和敏锐的学术嗅觉。我们感动先生不仅强调经典科学研究的重要性，而且很关注和吸收现代分子生物学的成果。先生也常给我们讲达尔文进化中的种种案例，如狼与狗的进化研究故事，认为狗是杂交、选育以及遗传变异的结果。他也把这些思想用于比较和解读观赏花卉改良的事件中，启迪我们的思维，让我们受益匪浅！

（四）学术界评价——马燕

美国农业部普渡大学作物生产与保护研究所马燕博士表示：众所周知，陈俊愉先生是“梅花之父”，但很多人并不了解，除了梅花，先生在月季、菊花、棕榈北迁、建立中国草花种子生产基地等方面都有造诣。

我以为陈院士之所以能够在学术上取得让人望尘莫及的成绩，源于他对于植物世界，特别是园林花卉的热爱，这是一种融于血液的热爱。每一个走近他的人一定会感到这种热爱，并会被感染。

我师从陈院士时，他已年近七旬，当时正是细胞生物学、计算机、分子生物学刚刚开始或走向高峰之时，这些新的知识对他和我们都是新生事物。先生最与众不同的一点就是对自己所不熟悉的领域表现出的与年龄不相符的好奇心，他是一个完全没有身份考量，没有固有成见，努力尝试各种方法来探索自己所钟爱的植物王国的人。他在确认我的研究方向并指出期望的目标后，给予我充分的空间去自我拓展研究的范围和方法，而在每一个他不是很熟悉的领域，则会帮助或支持我寻找该领域的专家来指导。正是由于他这种把握大方向而不拘于小节的指导方法，使我在创育月季新品种的大课题下，得以对相关的细胞学、生理学、病理学、电子显微镜下的形态学和计算机支持下的数学模型等具体领域自由探索。在先生把关、各位专家老师的帮助下，7年内我发表相关的学术论文10余篇。

现代月季花是指蔷薇科蔷薇属里四季开花的杂种品种群，它们既不是种，也不是变种，是经过人类200余年的不断杂交而培育出来的人工品种群。这其中最为重要的四季开花品种和花香品种是源于我国原生种。月季花在西方育种成功前，中国已拥有纯中国血统的古老月季花，只是由于历史的原因，当西方的现代月季花走向巅峰时，中国的古老月季花却走向了濒危。

陈院士一生在学术上的主要追求是利用中国丰富的种质资源，采用多种途径来重组观赏植物的基因，在保持和增强其观赏性的基础上，增强抗性、适应性，使人们在各种自然环境下都可以欣赏到自然的神奇。这是从我跟随先生一起做中国月季梦的日子里所领悟到的，我个人以为这是先生育种理论的精髓。为了达到这个目的，年逾70的他和我一起登上3700m的新疆冰川去实地考察野生蔷薇的资源，手把手地教我如何记录和采集野生材料。在他的支持和帮助下，以及很多有同样理想的业内外人士的大力协助下，我得以实地考察了全国各个省（自治区、直辖市）和中国古老月季花的主要产地，这些资料中有相当部分已成为中国月季花历史中的绝笔。在当时的历史条件下，我们没能挽救这些历史的遗产，但作为这些考察的首发者，他的洞察力和努力是不会被历史遗忘的。

考察只是我研究中的一部分，更多的工作是在试验田和实验室里进行。陈院士放手让我们探索试验领域，寻找试验方法，但审查我们的工作时则要求十分严格。我的试验田是他天天巡视的要地。清晨，在从校园到苗圃的路上，人们总会看到一位身着宽松的便装，脚踩老头鞋，手持枝剪的老人神采奕奕地走过，他的眼光永远聚焦在路边的花草树木上，不认识他的人也许会以为他是学校的园丁。这就是我的导师在我心中永驻的形象。

在我移居到美国后，一直和先生和师母保持联系，除了电话外，也常收到先生的来信。有时我发送的是电子邮件，收到的却是老人家的亲笔回信，这让我很不好意思。他在电话和信中除了热情的问候，嘱咐我教孩子中文外，还有很多是讲述关于他前一段时间完成的和目前正在进行的工作，我总为他那永不熄灭的工作热情所感动。我很愿意把他最后一两次电话和信件的部分内容写出来："我很欣慰新版《中国梅花品种图志》和'梅花登录'能系统地在我有生之年完成，但还有很多要解决的。大家都以为我只关注花卉，我的兴趣远不止于此。如棕榈的北移，过去大家打倒摩尔根理论，只教米丘林理论，现在又全盘否定米丘林。我以为米丘林理论中的一部分有可取之处，环境是个很重要的因素，物种的适应性是可以逐渐驯化的……'雪山娇霞'（我博士期间在陈院士指导下育成的一个月季花品种）不仅是很好的壮花月季品种，也是很好的树状月季，抗性好，应该在北京推广……"

我确定每个了解陈院士的人看到此都会感慨这就是我们园林大家庭的家长，一个永远乐观、永不停步、永远关注着中国园林事业发展的前辈，一个值得我们毕生学习的榜样。

世界上有很多事情看似偶然，却没有人可以解释这种偶然背后的奥秘，我在陈院士辞世之际所做的梦，就是永远没有答案的事件之一。我更愿意这样来诠释，先生用一生的心血来培养学生，他的乐观精神、他的学术思想、他的永不放弃原则已经部分融入了我们的血液。相信这种传承会使未来的世界更精彩，因为有了他！

三、园林界评价精选

（一）园林界评价——刘秀晨

国务院参事、中国风景园林学会原副理事长兼秘书长、北京市园林局原副局长刘秀晨表示：陈俊愉先生在野生花卉资源的保护上很有先见之明，他对中国观赏植物的种质资源有着全面深刻的了解，对这些种质资源的优势与问题非常清楚，并推动建立花卉种质资源圃。

1961年，我进入北京林学院城市及居民区绿化系上学时，第一次见到了陈俊愉教授。当时，我是个17岁的山东学生，在陈俊愉先生面前还很腼腆。陈俊愉先生把我叫到他办公室，嘱我暑期回济南时帮他带回些花叶丁香的枝条。他说，北京的白丁香、紫丁香、暴马丁香很多，但唯独花叶丁香少，要从济南引种。这样，我有幸认识了这位慈祥又健谈的教授。在林学院学习期间，陈俊愉先生抓住各种机会，把国内知名教授、学者请来为学生授课。同济大学陈从周教授来北京林学院讲过“瘦西湖和扬州园林”，中国科学院陈封怀教授讲过“赴非洲考察植物的收获”，黑龙江的北林校友刘桐年院士讲“兴凯湖的规划建设”，等等。这些讲座都由他亲自主持，我们才有机会聆听。他常常和学生谈心聊天，还在阶梯教室为园林系全体同学开设“如何正确对待和度过青春期，使身心得到健康发展”的讲座，可谓时刻把学生放在心里。

改革开放后，学校搬回北京。陈俊愉先生也经常带青年教师和学生来石景山教学实习，我们的接触就此增多了。他和他的第一位博士生、北京林业大学原副校长张启翔一起到北京各区推广新培育的地被菊，引种山荞麦。我们也常常回学校找老师探讨一些专业问题和参加校庆。有一次陈俊愉先生去广西调研，惊喜得知他的学生首次发现野生金花茶。众所周知，过去山茶只有红、白、粉色。发现野生金花茶后就面临着如何保护金花茶种质基因资源的问题，就此问题，他多次上书中央领导并参加建立金花茶基因库和品种培育的工作。每当讲起金花茶，我总被他充满激情的谈吐所感染。

最令我感动的还是陈俊愉先生提出并推动评选国花的工作。他关于推荐牡丹和梅花双国花的建议我是坚决支持的。牡丹雍容华贵，国色天香，象征着物质文明；梅花坚忍不拔，傲雪怒放，代表着中华民族的精神内涵。牡丹分布在黄河流域，梅花广植于长江流域，两条母亲河孕育了两大名花，具有地域的广泛性和代表性。我查到世界上许多国家有“一国两花”的先例（如日本、印度等），为此在全国政协和北京市政协任职期间，我都写过“一国两花”的提案。应陈俊愉先生之邀，我为宋代林和靖的名诗《山园小梅》谱曲，并请歌唱家王洁实录制，带到昆明等地的梅花节传唱。后来，陈俊愉先生又送来蒋纬国院士写词、他又进一步润色修改的《梅花》歌词，我把这首歌写成与邓丽君演唱的那首风格完全不同的大合唱，并请青岛歌舞剧院录制播出。2007年，陈俊愉先生邀我陪他去无锡参加梅花节，为电视台做访谈嘉宾，他那坚忍执着的精神和以理服人的风范都让我永不能忘怀。后来，他不顾年事已高，又为我的《绿色的梦》摄影集写序，序言中认真朴素的话语透着对学生的关爱，每每想起都令人落泪。

（二）园林界评价——王其超

中国花卉协会荷花分会原名誉会长、中国荷花终身成就奖获得者教授级工程师王其超表示：除了众所周知的梅花外，陈俊愉先生在荷花上也卓有建树。中国花卉协会荷花分会成立之日起，陈俊愉就担任荷花分会名誉会长，并多次挤出时间参加分会活动，给分会成员和参加活动的全体代表带来极大鼓励。

我和夫人张行言并不是陈俊愉先生直接授课的学生，但从1956年结识先生起，至今半个多世纪，先生和我俩之间的关系情同师生。先生毕生治学严谨、刚直不阿，永远是我俩学习的楷模。先生对我们夫妻俩的教诲从未间断，如果说我俩在荷花和梅花的研究工作上有些许成就，那均离不开先生的指导和帮助。先生的深情厚谊令我俩终生难忘。

20世纪60年代初，我和夫人均在武汉从事城市园林科技工作，侧重花卉的科学研究。花卉种类繁多，该研究什么，我俩茫然不知所措，于是向当时已调至北京林学院（现北京林业大学）执教的陈先生请教。先生建议我俩选择荷花作为研究对象，并说，荷花在中国有近3000年的栽培史，分布面广，既是观赏植物，又是经济作物。加之，荷花文化博大精深，目前国内外少有研究，湖北又是千湖之省，资源丰富，通过研究开发利用荷花会大有作为。当时我俩对荷花知之甚少，经先生指点，查阅了一些资料，脑子渐渐开窍，经过一番商议，下决心研究荷花。后来又得到先生鼓励，大胆地接手了国家下达的荷花系统研究项目。1966年，先生正兼任《园艺学报》编委，经先生审校，在该刊同年第2期上发表了我俩撰写的第一篇有关荷花的论文——《荷花品种的形态特征及生物学特性的初步观察》，这也是国内学术刊物上发表的首篇荷花论文。在我俩人生的十字路口上，是恩师为我俩指明了专业研究方向，开辟了我俩工作和生活的道路，从而广结荷缘大半辈子。

我和夫人在荷花研究过程中，首先遇到的问题是：荷花源于何地？20世纪前半叶，国内许多植物、生物、园艺专著，乃至《辞海》，均记载荷花原产印度，但都未指出荷花是怎样从印度传入我国的。陈先生积极支持我俩把这件大事弄清楚。他老人家推荐我俩阅读1978年《植物》杂志上发表的一篇题为《“河姆渡文化”遗址出土文物中发现有荷花花粉化石》的文章，并介绍我拜访古植物学家徐仁教授。徐教授说，他在印度研究古植物期间，曾亲自去往佛祖释迦牟尼讲经的圣地考察，看见附近沼泽地生长的睡莲科植物皆为睡莲，并说40年后，在我国的柴达木盆地发现过1000万年前的荷叶化石。之后，在先生的指导下，我俩查阅了中国与印度自古交往的历史，又借助考古工作者的考古成果，以及我国黑龙江多处沼泽地存有大片野生荷花的事实，证明世界上最早的被子植物之一的荷花，地理分布甚广，认为荷花属同种异源植物，尚可商榷；但若认定荷花为印度原产，则缺乏科学依据。无疑，中国是世界荷花的分布中心和栽培中心。对以上的学术结论，先生表示完全赞同。我俩也很欣慰能在荷花的研究上迈出第一步。

我俩进行荷花品种分类时运用陈先生创立的观赏植物“二元分类法”，十分奏效。荷花株形有大、中、小之分，但中株形品种不够稳定，如何处理？先生修正我们的文稿时将大株形单列，中小株形并列（后改为大中株形并列，小株形单列），这样，既减少了分类层次，又方便操作。此点睛之笔，使得我俩制定的荷花品种分类系统逐渐趋于完善，在实际应用中也经得起检验。

1981年初，中国建筑工业出版社拟编辑出版一套花卉科普丛书，陈先生推荐我俩写《荷花》（书于1982年问世）。我俩初次接受写书任务，既惊喜又惶恐，书稿完成后立即寄陈先生审阅。先生在百忙中对那卷近十万字的手写稿，花费大量心血逐页逐句地批改，对文中的错别字、繁体字、错误的标点符号，均一一用红笔改正，这充分体现了一位老学者对后生的热心栽培和无私帮助。每当我想起先生红笔批改的那叠书稿，敬佩和感激之情便油然而起，许久不能平静。

最激动人心的一次，是2008年在北京圆明园举办的第22届全国荷展开幕式上，先生撑着手杖，健步走上讲台，用高亢洪亮的嗓音即兴演讲。先生演讲的主要内容是宣传祖国名花——荷花的优点，呼吁2008年8月在北京举办的奥运会上，为各项比赛得冠、亚、季军获奖者送的花束，应该是荷花，而不是其他花卉！这番讲话赢得了当时所有参会代表和围观群众的热烈掌声。虽说先生的美好愿望没能实现，但先生的这种爱国情怀，大无畏的梅花精神和美好形象，永远刻在了人们的心中。

多年来，我和夫人先后编著或主编荷书10余册，几乎每本书的完成都有陈先生的付出，他或写序，或题词，或题写书名。特别是2005年，他为我俩编著《中国荷花品种图志·续志》作《“并蒂莲”之歌》，以长诗代序，不仅对这本书实事求是地客观评价，且对我俩研究荷花的工作给予充分肯定，字里行间流露的师生情谊，情真意切，感人肺腑！因为这本书是中英对照本，先生又花费精力将这首代序诗译成英文。先生虽精通英语，却唯恐有误，因此他还专程登门恭请汪振儒老前辈审校（这是后来先生亲口对我说的），可见先生治学之严谨，处事之谦虚，可敬可佩！

（三）园林界评价——李嘉珏

中国花卉协会牡丹芍药分会副会长、教授级高级工程师李嘉珏评价：陈先生不仅是梅花研究的专家，更是中国园林花卉研究的大家。

有人称陈院士为“梅花院士”，在我看来，这种提法有些片面。毋庸置疑，梅花是先生一生研究工作的重心，而且相关成果丰硕。但先生胸怀宽广，他考虑的首先是整个中国的园林、花卉事业，然后才是他自己的工作重点。仅在园林植物领域，除了梅花之外，他在菊花、山茶花以及月季等种类的研究中也卓有建树。直到病重住院，他还在医院为即将出版的《菊花起源》一书做最后的润色和修改，真正是生命不息，奋斗不止啊！陈院士这种拼搏精神，也时常鼓舞着我，给我带来无穷的力量！

陈院士在《九十感言》中对他几十年的研究工作有一个精辟的总结。他说："抓住重点，锲而不舍，持之以恒，必有大得。"同时，他还说："有舍才有取，要能舍才能有得。"先生学贯中西，知识渊博。但人的一生毕竟精力有限，不可能面面俱到，必须要有重点。而抓住重点之后，又必须锲而不舍，持之以恒，才能有所成就。这对我们来说，真是金玉良言！在最近二三十年的交往中，先生正是运用这些思路，循循善诱，指引着我坚持在牡丹研究的各个领域进行深入探索。

我于1970年初离开北京后，就从园林部门转到了林业部门。有相当一段时间专注于黄土高原造林，从事与大地园林化有关的基础研究，也取得了一定的成绩。然而，甘肃黄土高原上盛开的牡丹与中原牡丹明显不同，这些牡丹引起了我的注意。我把它当作了我工作中的另一个重点。通过深入学习和研究，我不仅对甘肃一带的牡丹有了深刻认识，而且也对中国牡丹的分布及其起源重新进行认识和思考。1986年，当我应先生之约到北京参加英文版《中国的牡丹、芍药》一书的编写工作时，我们讨论了牡丹研究中与此有关的各种问题，达成了许多重要共识。这件事对先生也产生了重要影响。他在我于1989年出版的《临夏牡丹》一书的序言中写道："1986年夏，我们在京集体编写英文本《中国的牡丹、芍药》书稿。在此朝夕共处的期间，共同研讨了中国牡丹的品种起源、花形分类、种质资源、育种方向等问题。于是，推翻了中国牡丹品种只属于一种（*Paeonia suffruticosa*）的一元论观点，在广泛确凿的事实基础上，指明紫斑牡丹不仅是'临夏（西北）'牡丹品种群的基本原种，而且也是中原牡丹品种群的原种之一。这样，提出了'牡丹多元起源'的新论点。"进入20世纪90年代，我将工作重点投向紫斑牡丹，当时在中国乃至世界范围内掀起了一股紫斑牡丹热，同时揭开了我全面研究中国牡丹的序幕。2001年，我63岁时，从原工作单位退休，不久就来到中国牡丹之都洛阳，在洛阳大学（现洛阳理工学院）担任特聘教授，后来又担任洛阳国家牡丹园、洛阳神州牡丹园顾问。晃眼之间，在洛阳又工作了10多年，弥补了我以往在牡丹栽培、牡丹文化研究方面的不足。在此期间，我每次到北京看望先生和他夫人时，既聆听他有关园林、花卉及其他相关方面的真知灼见，也向他汇报我们在牡丹研究中的一些进展和成就，听取他的指导和建议。后来又邀请他和夫人来甘肃兰州，对这里的紫斑牡丹进行了一次较为全面的考察，先生也因此加深了对紫斑牡丹的了解，后来他又对紫斑牡丹的特点进行了全面而深刻的总结（见《中国紫斑牡丹》一书的序言；成仿云著，中国林业出版社，2005年）。1989—2011年，我先后出版了7部有关牡丹、芍药方面的专著，其中《中国牡丹与芍药》（中国林业出版社，1999年）、《中国牡丹品种图志（西北·西南·江南卷）》（中园林业出版社，2006年）2本还获得国家科学技术学术著作出版基金资助。7部著作中，先生先后为其中的4部写了序言。他既肯定了我的成绩，又为我指出问题和今后的努力方向，使我获益匪浅。最后一篇序言是为《中国牡丹》（中国大百科全书出版社，2011年）而写。那时，先生已届94岁高龄，但他仍然和以前一样，在仔细审阅了这部大型书稿后才亲自动笔，认真写作。看到他亲切的发自内心的话语，实在令我感动不已！先生的这些序言，反映了他独特的视野和精辟的学术观点，是他留给我们的宝贵精神财富，弥足珍贵。

生命不息，奋斗不止！陈院士为我们树立了光辉的榜样！我不禁想起20世纪90年代，我和我们研究小组在大西南调查与搜集牡丹野生种质资源时的往事。我在《中国牡丹与芍药》一书的后记中写道："1998年10月，我的60岁生日在考察途中度过。我站在大小雪山丫口（川滇边境）上，思绪起伏，感慨万千。早在100年前，外国人就已经涉猎过我们丰富的资源，而许多工作我们自己现在才开始。不过，我们没有时间叹息，我们需要不断努力，奋斗不懈！在科学道路上没有什么坦途，只有不畏艰难险阻，勇于攀登，才有可能达到某个光辉的顶点。"我的这些看法，先生是非常赞同的。

2012年初，我结束在外地的工作，回到家乡湖南。4月，我应友人之邀，在湖南中南部进行了一次考察。当我在湖南邵阳、邵东一带山地看到满山遍野的'凤丹白'和'宝庆红'时，内心的激动真难以用言语表达。此时此刻，我又想起陈院士1997年为《牡丹》（刘淑敏、王莲英、吴涤新、秦魁杰著）一书所写的序言中，曾提出“牡丹南移”的设想和有关的方法步骤。后来，我在电话中告诉先生，我们的先人在几百年前已经初步解决了这个难题，我们今后的任务，是继续培育耐湿热新品种，实现牡丹产业的新突破。先生听到后满意地笑了。他对我们近年来在牡丹产业方面的工作和成就给予了充分的肯定。

我想，我也要像我的恩师陈院士那样：生命不息，奋斗不止！

（四）园林界评价——俞善福

北京林业大学园林学院副教授、中国花卉协会梅花蜡梅分会原常务理事俞善福表示：梅花的研究使陈俊愉先生把“不畏严寒”“春将暖而梅先知”“待到山花烂漫时，她在丛中笑”的梅花精神融入自己的灵魂。

陈院士1957年由华中农学院（现华中农业大学）调至北京林学院（现北京林业大学）任教。而我也于该年春毕业，留任助教（因病休学而延迟半年毕业）。由于园林专业初创办，前三、四届招生不多，留任的助教更少，因此，我有幸成为先生到京后的第一个助手。先生教园林专业（专业名称前后多变，此不赘述）的遗传育种课程。随班听课是助教最基本的任务，故我也去听课。但是，我以前没上过该课，初学水平很差，微观内容的知识基础更是欠缺。当时，我还兼任花卉学及园林苗圃学2门课的助教，工作量比较大。先生充分了解我这新助教的短处与不足，对我既督促又帮助与谅解，令我深受感动。当时，园林专业的课程基本都是国内首创，任课教师编写的讲义（稿）是编写、誊抄、刻蜡纸、油印后再发给学生。往往上周写的也只够下周讲课用。所以一个学期中誊抄、初步校对、装订等工作要往复多次。我作为新手，工作效率低，还常有失误和差错，但是先生对我不怒不恼，循循善诱，既严又爱，才使我能在工作上有较快地成长。

1958年早春，陈院士南下到南京、无锡、苏州、上海及杭州5地进行梅花品种调查。一路上，陈院士与我们一起冒严寒、踏冰雪、起早贪黑、不辞劳苦。我们白天抓紧时间进行品种调查，现场记录和采集花朵标本；当晚就必须将湿纸保存的花朵按编号记录花的形态、花瓣及雌雄蕊数并完成全部拍摄，以免花朵失水变形。这些都忙完往往已过半夜。

1982年早春，先生赴武汉、成都及成都附近的崇庆（现改称崇州市，仍归成都市管辖）再度调查梅花。先生在20世纪40年代曾写有《巴山蜀水记梅花》一书，即为该地区调查的成果。我有幸又能与先生同行。武汉早春酷寒，而又缺少取暖设备，从武汉至成都乘的是春节临时加班的小飞机（两侧对坐，如电视上见的供练跳伞那种），我戏称其为“卡车飞机”。武汉也有2位研究者参加我们的调查工作，所以，共4人同行。在过神农架上空时，风雨交加，小飞机上下颠簸。机上的30余人多数因晕机而困顿不堪，我们4人却仍可谈笑或进食。可谓探梅之真情使我们忘却了一切困苦。

陈院士如今已驾鹤西去，他给我家中75m^{2}的小园——悠园的题字已刻在石上，立于园中。2005年第9届全国梅展，武汉送他几株‘红须朱砂’和‘小绿萼’梅花，他当时行李多拿不了，我便顺手要来，带到苏州种在悠园里，如今年年花满枝头。这“石”与“树”成为我思念先生的寄托。

陈俊愉先生的言传身教，成就了一代代园林精英，他们又在践行着陈院士的学术思想，带领中国园林园艺事业继往开来，确保了中国园林事业的守正创新，为美丽中国和生态文明建设发挥着新的更大贡献（图4-1~图4-19）。

图 4-1　陈俊愉与梅花合影

图 4-2　2001 年，陈俊愉为无锡梅园“中国梅花博物馆”题名

图 4-3　2004 年，陈俊愉（右一）为无锡梅园题字

图 4-4　2006 年，陈俊愉为武汉梅花节“中国梅文化馆”题名

图 4-5　2006 年，陈俊愉为山东沂水雪山梅园“中国梅文化石刻艺术研究中心”题名

图 4-6　2006 年，陈俊愉为四川成都幸福梅林盆景精品园“咏梅诗廊”题名

图 4-7　位于梅文化馆的陈俊愉教授雕塑

图 4-8　杭州超山梅风景区（姜良宝 摄）

图 4-9　杭州孤山梅花景区（梅村 摄）

图 4-10　杭州灵峰探梅（梅村 摄）

图 4-11　杭州西溪湿地公园梅花（俞善福 摄）

图 4-12　合肥植物园望梅止渴景区（合肥植物园 供图）

图 4-13　江苏苏州太湖西山岛大梅林（梅村 摄）

图 4-14　昆明黑龙潭龙泉探梅（张世民 摄）

图 4-15　昆明黑龙潭龙泉探梅盆景（盛树金 摄）

图 4-16　南京古林公园梅花岭（汪诗珊、王保根 摄）

图 4-17　南京中山陵园梅花山（梅村 摄）

图 4-18　南京浦口珍珠泉梅海凝云（梅村 摄）

图 4-19　南京中山陵园梅花山（梅村 摄）

参考文献

陈瑞丹. 永远的怀念[J]. 中国园林, 2012, 28(8): 40-41.

成仿云. 先生永驻我心中[J]. 中国园林, 2012, 28(8): 31-32.

风景园林学会. 关于表彰中国风景园林学会终身成就奖获得者的决定[J]. 中国园林, 2012, 28(1): 108.

黄国振. 永远的怀念[J]. 中国园林, 2012, 28(8): 8.

李嘉珏. 深切怀念恩师陈俊愉先生[J]. 中国园林, 2012, 28(8): 13-15.

刘秀晨. 永留梅香在人间: 记陈俊愉院士[J]. 中国园林, 2012, 28(8): 16-17.

马燕. 待到山花烂漫时: 纪念我的恩师陈俊愉先生[J]. 中国园林, 2012, 28(8): 23-24.

苏雪痕. 忆恩师对我的培养[J]. 中国园林, 2012, 28(8): 11-12.

王彩云. 宗师的风范，伟大而平凡[J]. 中国园林, 2012, 28(8): 25-27.

王其超, 张行言. 怀念恩师陈俊愉院士[J]. 中国园林, 2012, 28(8): 6-7.

俞善福. 永远的怀念: 追忆陈俊愉先生对我的教诲[J]. 中国园林, 2012, 28(8): 9-10.

张启翔. 花凝人生香如故: 深切怀念陈俊愉院士[J]. 中国园林, 2012, 28(8): 20-22.

附录一　陈俊愉年表

1917年	9月21日，出生在天津一个官宦大户家庭
1922年	从天津举家迁往南京，住进位于“娃娃桥二号”的一幢大宅，萌生了对园艺植物的莫大兴趣
1926年	8月，从私塾转入小学，在江苏省立南京中学附属实验小学三年级读书
1929年	8月，在江苏省立南京中学读书
1935年	8月，考入金陵大学园艺系
1937年	7月，抗日战争全面爆发，全家由南京迁回祖籍安庆；10—12月，在安徽大学农学院借读
1938年	3月，开始在迁至成都的金陵大学园艺系学习；春季，加入成都华西坝五大学抗日救亡服务团
1940年	1月，以优秀成绩毕业于金陵大学园艺系，获农学学士学位；2月，留校任助教
1941年	1月，和同学、教师、亲友等在成都集股办起了自力园艺场，任董事长，兼任成都自力园场生产股主任；9月，考取金陵大学园艺研究部的硕士研究生，在柑橘专家章文才指导下进行柑橘分类与研究
1942年	看到国立中央大学的曾勉教授在《中国园艺专刊》上发表的论文，决心研究梅花
1943年	初春，随汪菊渊在四川成都调查梅花品种，其时《关于我国梅花品种分类体系的建议》，发表于1945年《中华农学会报》上；夏季，在金陵大学研究生毕业，获农学硕士学位；留校任教；任四川大学园艺系讲师，主讲果树栽培学和果树分类学；与汪菊渊、芮昌祉、张宇和编写《艺园概要》
1944年	1月，在重庆农林部农业推广委员会（原名农业促进委员会）任督导专员兼课长，对世界救济总署支援我国的蔬菜种子在广西、云南、四川等地，进行区域试验、示范和推广工作
1945年	与汪菊渊合著《成都梅花品种之分类》，发表在《中华农学会报》182期

1946年　与仇晋结婚；2月，被聘为复旦大学农学院园艺系副教授，先在重庆北碚，后返回上海江湾校区；9月，兼任南京自力园场公司董事长；在重庆南山首次发现‘凝馨’（仅1株）

1947年　春季，在南京的梅花山，发现了‘洒金’梅和‘龙游’梅两个新品种；所著《巴山蜀水记梅花》在上海园艺事业改进协会（丛刊第15种）出版；8月，到丹麦皇家兽医和农业大学园艺研究部攻读科学硕士学位

1950年　6月，在丹麦皇家兽医和农业大学园艺研究生部毕业，获科学硕士学位，带着妻女从丹麦绕道香港回国；10月1日，参加国庆节观礼，和英模、劳模一起登上天安门城楼，亲眼看到了毛泽东主席，看到了新中国力量的巨大；10月，任武汉大学农学院园艺系副教授；在教学同时，带领学生数次南下调查梅花并倡议东湖风景区相关人员入川收集梅花良种，为建成今天最大的磨山梅园奠定了基础

1951年　9月，由章文才和杨开道介绍，加入中国民主同盟，初任小组长

1952年　1月，晋升为武汉大学农学院教授；8月，来到华中农学院，任园艺系教授；长期兼任东湖风景区技术指导、武汉市城市建设规划委员会委员等职

1954年　武汉发生特大洪水，兼任华中农学院防汛指挥部堤防组组长，带领师生战斗在防洪抗灾第一线，获得武汉市三等防汛功臣奖章和奖状

1955年　1月，兼华中农学院园艺系副主任

1956年　2月26日，成为中国共产党预备党员

1957年　4月，由中共预备党员转正；举家迁京，调入北京林学院，一边教学，一边和北京植物园合作，开设观赏植物育种学新课；开始南梅北移的科研工作；任北京林学院教授

1958年　开始进行梅花引种驯化研究；北京林学院创办城市及居民区绿化系，设城市及居民区绿化专业，任系副主任（后为主任）；11月18日，在《人民日报》发表《从绿化到园林化》，响应毛泽东主席“大地园林化”号召

1960年　兼任北京林学院科研生产处处长；参加在辽宁兴城召开的由中国园艺学会主办的第一次全国花卉科学技术会议

1961年　与研究生梁振强合作，进行岩菊抗寒育种和抗性菊花远缘杂交育种；12月26—28日，在中国园艺学会与北京园艺学会联合召开的中国梅花学术讨论会上做专题报告，着重讨论了我国业已记载的220个梅花品种分类及其栽培问题，并邀请国内名家俞德浚、周瘦鹃等前往校园赏梅

1962年	开始招收硕士研究生；种植的两株梅花的花蕾终于在1962年4月6日怒放，初夏时长出一个硕大的梅子，中国人的梅花北移梦想变成了现实；在《园艺学报》第 1 卷第 3 期和 4 期发表研究成果《中国梅花的研究Ⅱ——中国梅花的品种分类》，奠定了我国花卉品种分类新系统“二元分类法”的雏形；完成并发表了中国梅花研究的两篇论文《梅之原产地与栽培历史》《中国梅花的品种分类》
1963年	卸任北京林学院科研生产处处长
1964年	4月，随同应邀专家在庐山植物园工作两周，并带学生在此做规划与调查，写成《庐山植物园造园设计的初步分析》；7月29—31日，在北京市园林绿化学会在北海公园成立并召开第一届学术年会上，宣读《中国梅花品种研究的成就及其展望》；北京林学院城市及居民区绿化系改为园林系
1965年	撤销园林系园林专业，被安排到林学系
1966年	专业研究受到冲击
1967年	初春，培育出来的抗寒梅花新品种开花之际，连同“梅花照片和研究资料等物”被付之一炬
1972年	随北京林学院搬迁至云南大理洱海边
1973年	随北京林学院搬迁至昆明郊区楸木园，校名改为云南林学院；在昆明进行了以金花茶为父本的种间杂交（至1975年）
1974年	云南林学院决定恢复园林系园林专业
1975年	恢复园林系园林专业的教学
1976年	参加园林系园林专业在上海“开门办学”的实践，以上海植物园规划设计和施工作为联系实际、开门办学的基地
1978年	党的十一届三中全会后，重新开始梅花研究，组织协作组到全国调查梅花品种、野梅资源、古梅资源的分布；被聘为中国科学院植物研究所、热带植物研究所、武汉植物研究所兼职研究员
1979年	提议编著《中国花卉品种分类学》；任中国建筑学会园林绿化学术委员会（后改称中国风景园林学会）常务理事、副理事长，兼任北京林学院园林系系主任；带领青年教师、研究生继续20世纪60年代开始的关于用野菊与小红菊杂交，培育出了四倍体（$2n=36$）的‘北京’菊，并做更为深入的研究；随校由云南省迁回北京市，作为系主任埋头苦干，带领全系师生员工艰苦奋斗，逐渐恢复并发展园林教学和研究等工作

1980年	5月，参加中国园艺学会主办的成都“花卉种质资源学术讨论会”；6月14日，由北京市委批复，被任命为北京林学院园林系主任；组织领导全国协作组，多次到广西邕宁、防城、东兴等边境地区调查金花茶的种质资源，将已发现的金花茶的20余个种和变种几乎全部收集于南宁种植，并建立了两座金花茶基因库；组织了包括湖北、江苏、浙江、四川、北京等地专家参加的协作组，后对我国梅花品种进行了6年多的整理，弄清了我国梅花的种、变种及变型的分布；7—8月，作为中国园艺学会代表团成员之一，应邀参加在美国科罗拉多州立大学召开的美国园艺学会第77届年会，会后在加利福尼亚州等3个州、7个城市进行专业参观；提交了梅花品种分类论文，回来写成《美国园林和园林工作的特点》
1982年	应《植物杂志》之约，发表《我国国花应是梅花》一文；多次出国参加国际学术会议，宣读研究论文和报告；1月31日，主持召开全国梅花协作会（发言者有章文才、汪菊渊、赵守边、王其超、鲁涤非等）；关于梅花的研究项目被列入国家科研课题；经过多年研究及资料、文献的搜集整理，完成《中国花卉品种分类学》初稿，大部分内容作为北京林学院园林植物与观赏园艺专业研究生学位课讲授
1983年	3月3—6日，在无锡主持召开《中国梅花品种图志》协作会；中国建筑学会园林学会（对外称中国园林学会）在南京成立，担任副理事长；担任国务院学位委员会第一、二届林科评议组成员；在黄山风景区考察时，发现了1株黄香型梅花，并命名为‘黄山黄香’；提出了以梅花为国花的建议
1984年	7月28日，在波兰华沙农业大学参观；8月6日，前往波兰果树花卉研究所参观；11月16—21日，在成都主持第三次梅花协作会，做题为《欧美园林与园林工作的概况与动态》的报告；12月8日，参加中国科学院云南植物研究所学术扩大会议；与学生程绪珂着手编写《中国花经》一书；扩大梅花品种资源调查范围，开始进行国内古梅调查至1989年
1985年	卸任北京林学院的园林系系主任；选育出“地被菊”；以“海峡两岸共赏梅”为题，赞成以梅花为国花提案；在《中国花卉报》组织的北京市花评选讨论上积极发表意见；参加在日本举行的IFLA大会，访问了京都和奈良

1986年　被武汉城市建设学院风景园林研究所聘为兼职教授和所长；关于金花茶的研究成果在广西南宁通过部级鉴定，时任国务院国务委员陈慕华等领导同志到会祝贺；提出了“一国两花”的构想

1987年　4月，建议我国禁止出口金花茶；9月21—29日，访问波兰；倡导成立了中国梅花蜡梅科研协作组，发挥集体力量，全面调查我国的梅花品种资源和野生种质资源；开始招收博士研究生；从美国引进珍贵品种‘美人’梅；正式启用“地被菊”之名，走上长期的接力“野化育种”之路；第一届花卉博览会在北京召开，作为专家参会；中国园艺学会在贵阳召开“花卉种质资源研究和利用学术讨论会”，作为专家参会

1988年　任林业部科学技术委员会委员；年初，在《园林》杂志上发表文章《祖国遍开姊妹花》，提出了“一国两花”、以梅花和牡丹双双同为国花的建议；9月，参加在北京召开的国际园艺植物种质资源学术讨论会；培养的中国第一位园林植物学科博士生张启翔被授予博士学位

1989年　1月，为《梅花漫谈》（上海科技出版社，1990年出版）写《自序》；1月26日，中国梅花蜡梅协会在北京成立，担任会长，同时举办首届梅花蜡梅展览；4月20—23日，中国牡丹芍药协会在河南洛阳正式成立，当选为会长；被选为中国园艺学会副理事长，中国风景园林学会副理事长、林业部科学技术委员会委员；提出了中国梅花品种分类修正新系统，形成了花卉品种分类的中国学派，对花卉生产起到了指导作用；出版《中国梅花品种图志》；主持北京市科学技术委员会下达的“刺玫月季新品种群培育”重点科研项目；10月，关于地被菊的研究通过了北京市科学技术委员会组织的鉴定，并在第二届全国花卉博览会上获科技进步奖二等奖；11月，关于金花茶的研究成果被评为林业部科学技术进步奖一等奖

1990年　4月20—22日，在山东菏泽组织召开了中国牡丹芍药协会第一届年会；主持研究的“中国梅花品种的研究”项目年获林业部科学技术进步奖一等奖；关于金花茶的研究成果获国家科学技术进步奖二等奖；指导博士生包满珠等两次去西藏、滇西北、川西南等山区，发现厚叶梅、毛梅、长梗梅、品字梅、小梅等过去外国专家所定变种；新发现并定名的有‘腊叶’梅、‘常绿’梅等

1991年　3月，在武汉成立了中国梅花研究中心，并建立了120亩的品种圃；7月23日，于吉林长白山温泉一带发现细叶野菊；主持研究的“中国梅

花品种的研究”科研项目获国家科学技术进步奖三等奖；掌握了蜡梅扦插繁殖新技术，使蜡梅得以大面积繁殖，填补了蜡梅扦插技术的空白；关于地被菊的研究获北京市科学技术进步奖二等奖

1992年　4月12—14日，参加中国花卉协会牡丹芍药分会第二届年会，会议决定成立中国牡丹芍药品种审定委员会，拟定了中国牡丹芍药新品种登记注册办法；发表的《中国梅花研究——中国梅花品种分类》获中国园艺学会《园艺学报》创刊30周年优秀论文二等奖

1993年　在昆明重新发现失传多年的‘台阁绿’梅

1994年　2月，率中国梅花访日考察团去日本探梅，与时任中国梅花研究中心主任赵守边考察日本静冈县丸子梅园；担任《农业大百科全书·观赏园艺卷》主编；找到了《梅品》的若干种古籍版本

1995年　1月，在昆明举办第四届中国梅花蜡梅展览暨昆明国际梅花蜡梅学术研讨会，指导陈秀中写出了两篇有分量的研究梅花文化的学术论文——《梅品——南宋梅文化的一朵奇葩》《〈梅品〉校勘、注释及今译》，其在昆明国际梅花蜡梅学术研讨会做大会发言

1996年　主编的《中国梅花》正式出版，收录我国的梅花品种达323个；论文《蜡梅扦插繁殖技术》在《中华梅讯》上发表

1997年　9月，参加由中国园艺学会观赏园艺专业委员会与北京林业大学园林学院共同举办的全国观赏植物遗传多样性及品种分类学术研讨会；当选为中国工程院院士

1998年　经过国际园艺学会授权，对全球梅花和果梅品种逐步进行登录；8月15日，本人及其负责的中国花卉协会梅花蜡梅分会被批准成为梅花和果梅的国际品种登录权威，实现了我国在国际植物品名登录权方面零的突破；主动提出以梅花、牡丹作为中国的双国花；6月，转为资深院士，为两院院士中唯一园林花卉专家，人称“梅花院士”；7月1日，《中国花卉品种分类学》定稿

1999年　8月18日，推动山西省农业科学研究院园艺研究所承办的首届中国花卉种苗（球）繁育推广研讨会在山西太原召开；在对梅花品种分类体系的最后一次较大修改中，提出了中国梅花品种分类的最新修正体系，将“二元分类”的基本原理与具体实际合理结合，得到梅花界及相关领域的承认与欢迎；澳门回归前夕，制作冠名“回归”的蜡梅盆景；在云南找到了一年开两季的二度梅

2000年　年初，其第一部《梅品种国际登录年报》问世；7月2日，《中国花卉品种分类学》三校完稿，并作自序

2001年　2月，借无锡梅园承办的第七届全国梅花蜡梅展览暨中国无锡国际梅与蜡梅文化研讨会，邀请来自韩国、新西兰、美国、意大利、日本等国际友人及海内外同胞，与我国梅花界的学者齐聚一堂，倾心交流梅文化研究领域的成果与心得，共同为梅花、蜡梅走向世界呐喊助威；夏季，确认时任聊城大学大后勤集团园林规划设计院院长邱延昌副教授发现的一株槐树变异株，为槐树新品种；11月下旬，参加在重庆召开的中国园艺学会第九届会员代表大会暨学术讨论会；亲临丽江，给丽江青梅产业和得一食品有限责任公司的发展提出许多宝贵的、实质性的建议和意见，还亲笔给云南省人民政府代省长写了一份建议书

2002年　2月21日，重提“大地园林化”生态建设不能单纯种树

2003年　《中国花卉品种分类学》由中国林业出版社出版，作为研究生教材使用；3月，任“北京绿化美化科技工程——城市绿化”项目的首席科学家；4月，以其为首的梅品种国际登录权威，对昆明黑龙潭发现的9个梅花新品种进行了鉴定定名和国际登录，该课题荣获2004年昆明市科学技术进步奖一等奖；6月，就我国正在启动的国花、国树、国鸟评选提出建议，认为我国的国花、国树、国鸟，均应成双成对，以适应中国地大物博的国情；7月25日，成为国家林业局专家咨询委员会委员；8月20日，在首届中国园林树木树种规划苗木繁育研讨会的开幕式上，指出加强树种规划和苗圃建设是我国城镇绿化和园林化的必然选择；12月26日，和侯仁之等人联名给时任总书记胡锦涛写信，提出“关于恢复建设国家植物园的建议”

2004年　2月10日，参加北京市发展和改革委员会组织专家针对“恢复建设国家植物园”议题进行的论证会；4月，经中国花卉协会梅花蜡梅分会批准，“中国梅文化石刻艺术研究中心”在雪山梅园成立，为该中心题写了匾牌；4月24日，倡导主持的国际梅园在北京鹫峰国家森林公园奠基；5月22日，参加了一个由民间机构组织的“关注北京动物园搬迁”研讨会，认为北京动物园不宜搬迁；6月，得到华姗的梅花新品种果核；被选为全国花卉咨询专家库的专家；11月22日，在北京举行的林业科技重奖颁奖大会暨全国林业人才工作会议上获得林业科技贡献奖；就“奥运环境建设城市绿化行动对策”话题提出学术报告，成为研讨会的最大亮点

2005年　组织并主持梅花展览和国际梅花学术研讨会，继续宣传和邀请更多的专家学者参与国花评选活动；2月2日，出席国家林业局专家咨询委员会召开的第二次全体会议，共同庆祝北京园林学会成立40周年；3月，已有261个国内外梅花、果梅品种正式登录，这表明梅品种国际登录工作在我国主持下取得了阶段性进展，向世界园艺界交了一份高质量的答卷；“两会”期间，向全国人大和全国政协提交确定国花的提案；8月1日，和其他院士在《关于尽早确定梅花牡丹为我国国花的倡议书》上签名，呼吁尽快把梅花和牡丹确定为“双国花”

2006年　1月7日，出席国家林业局召开的专家咨询委员会全体会议，对“十一五”期间林业发展、三北防护林建设、可再生能源发展、林业技术推广、森林病虫害防治、国有林区改革等问题提出了意见和建议；2月12日，被北京植物园聘为首席科普导游；3月5日，抵达南京，为梅花山的梅树品种进行国际登录；3月12日，和相关领导出席北京屋顶绿化协会；3月，通告记者，年度我国梅品种国际登录喜获丰收，有76个新品种已经通过了专家的讨论认证，这是开展梅品种国际登录以来登录品种最多的一年，有32个是我国选育的新品种；4月8日，参加了就如何进一步发展我国园林专业高等教育的研讨会，不赞成用“景观设计”等名称替代“园林”；6月，入选全国花卉咨询专家库；7月，与吴良镛、周干峙、石元春、沈国舫、卢良恕、方智远、袁隆平、孟兆祯等62名中国科学院、中国工程院院士联合签名发出《关于尽早确定梅花牡丹为我国国花的倡议书》；9月28日，出席北京市科学技术委员会召开的首都屋顶绿化可行性论证会；9月20—21日，和来自全国104所高校200多名代表一起，在中国风景园林教育大会上围绕风景园林与教育改革、人才培养等展开了热烈讨论；针对观赏植物名称混乱现象，再一次详细地对玫瑰、月季、丹麦草等名称的混乱问题提出了严肃而中肯的意见

2007年　1月25日，出席中国第十届梅花蜡梅展览暨中国成都第三届梅花节，提出成都要发挥自己的梅花栽种优势，把梅花展办到巴黎去，我国蜡梅产业开发迫在眉睫；2月28日，出席以“赏万株梅花、传博爱精神”为主题的第十二届中国南京国际梅花节；3月，在南京国际会议中心为“南京市民学堂”做题为《梅花申选我国“国花”纵谈》的讲座，透露“一国两花”的建议已经得到了103名两院院士的签名支持；9月5日，写成《九十感言》；出版《花凝人生——陈俊愉院士

九十华诞文集》；针对新西兰等国已经在国内大量收购蜡梅用于发展香精等深加工产品的情况，呼吁要抓紧行动起来，保护我国的蜡梅种质资源；在中山植物园发现‘东洋红’梅花，后来改名为‘南京红’

2008年　2月28日—3月16日，出席在合肥举办的第十一届中国梅花蜡梅展览会，并提出安徽应加快研究梅花蜡梅资源

2009年　2月17—19日，来到上海世纪公园梅园，主持召开梅花品种登录鉴定会；5月24日，在2009北京月季文化节系列活动之一的“2009北京月季产业发展高峰论坛”上，介绍了中国月季的资源，被国外利用的和尚未利用的月季品系，国际社会对中国关于月季研究的成就给予的高度评价，以及与国际先进水平之间的差距，提出发展中国月季的4个愿望；6月5日，发动103名两院院士签名响应“双国花”；芒种日，写下了《确定国花是对国庆60华诞的最好贺礼》一文，公开发表于《中国花卉盆景》杂志2009年第7期，再次阐述了评选国花的意义和推举梅花、牡丹为双国花的理由，文后附有103位两院院士的亲笔签名

2010年　2月19日，中国第十二届梅花蜡梅展览会暨第八届国际梅花蜡梅学术研讨会在上海海浦东世纪公园举行，出席展览会开幕仪式；任北京大学建筑与景观设计学院国际顾问委员会委员；任中国花卉协会名誉会长

2011年　10月11日，在首届“中国观赏园艺终身成就奖”评选中，被选为首位获奖者

2012年　荣获“中国梅花蜡梅终身成就奖”；忙于最后一部学术专著《菊花起源》的校稿工作；因病逝世于北京301医院

附录二　陈俊愉主要论著

（一）图书

[1] 陈俊愉. China Mei flower (*Prunus mume*) cultivars in colour[M]. 北京: 中国林业出版社, 2017.

[2] 陈俊愉. 菊花起源(汉英双语)[M]. 合肥: 安徽科学技术出版社, 2012.

[3] 陈俊愉. 中国梅花品种图志[M]. 北京: 中国林业出版社, 2010.

[4] 陈俊愉. 梅品种国际登录双年报(汉英对照2005—2006)[M]. 北京: 中国林业出版社, 2008.

[5] 陈俊愉, 崔娇鹏. 地被菊培育与造景[M]. 北京: 中国林业出版社, 2006.

[6] 陈俊愉. 梅国际登录双年报(2001—2002)[M]. 北京: 中国林业出版社, 2004.

[7] 陈俊愉. 中国花卉品种分类学[M]. 北京: 中国林业出版社, 2001.

[8] 陈俊愉. 中国花卉品种[M]. 北京: 中国林业出版社, 2001.

[9] 陈俊愉. 中国花卉(I): 首届中国花卉种苗(球)繁育推广研讨会论文集[M]. 北京: 中国农业大学出版社, 2000.

[10] 陈俊愉. 中国文化经典系: 中国花经[M]. 上海: 上海文化出版社, 2000.

[11] 陈俊愉. 中国十大名花[M]. 上海: 上海文化出版社, 2000.

[12] 陈俊愉. 陈俊愉院士教授文选[M]. 北京: 中国农业科技出版社, 1997.

[13] 陈俊愉. 园林花卉[M]. 上海: 上海科学技术出版社, 1997.

[14] 陈俊愉. 中国梅花[M]. 海口: 海南出版社, 1996.

[15] 陈俊愉. 中国花经[M]. 上海: 上海文化出版社, 1994.

[16] 陈俊愉, 程绪珂. 中国花经[M]. 上海: 上海文化出版社, 1990.

[17] 陈俊愉. 梅花漫谈[M]. 上海: 上海科学技术出版社, 1990.

[18] 陈俊愉. 中国梅花品种图志[M]. 北京: 中国林业出版社, 1989.

[19] 陈俊愉. 中国十大名花[M]. 上海: 上海文化出版社, 1989.

[20] 陈俊愉. 梅花与园林[M]. 北京: 科学技术出版社, 1988.

[21] 陈俊愉. 巴山蜀水记梅花[M]. 上海: 上海园艺事业改进协会出版委员会, 1947.

（二）论文

[1] 蔡邦平, 陈俊愉, 张启翔, 郭良栋. 北京梅花根围丛枝菌根真菌的群落组成与季节变化(英文)[J]. 北京林业大学学报, 2015, 37(S1): 66-73.

[2] 蔡邦平, 陈俊愉, 张启翔, 郭良栋, 黄耀坚, 王增福. 应用AFLP分析梅根系与其根围土壤丛枝菌根真菌DNA多态性差异[J]. 菌物学报, 2015, 34(6): 1118-1127.

[3] 陈俊愉.《鄢陵花卉》序[J]. 农业科技与信息(现代园林), 2015, 12(9): 658-660.

[4] 雷燕, 李庆卫, 李文广, 景珊, 陈俊愉. 2个地被菊品种对不同遮光处理的生理适应性[J]. 浙江农林大学学报, 2015, 32(5): 708-715.

[5] 陈俊愉. 通过远缘杂交选育中华郁金香新品种群[J]. 农业科技与信息(现代园林), 2015, 12(4): 327.

[6] 蔡邦平, 陈俊愉, 张启翔, 郭良栋. 云南昆明梅花品种根围丛枝菌根真菌多样性研究[J]. 北京林业大学学报, 2013, 35(S1): 38-41.

[7] 李庆卫, 张启翔, 陈俊愉. 基于AFLP标记的野生梅种质的鉴定[J]. 生物工程学报, 2012, 28(8): 981-994.

[8] 陈俊愉. 从梅国际品种登录到中国栽培植物登录权威规划[J]. 北京林业大学学报, 2012, 34(S1): 1-3.

[9] 李庆卫, 吴君, 陈俊愉, 李振坚, 朱军, 张启翔, 李萌. 乌鲁木齐抗寒梅花品种区域试验初报[J]. 北京林业大学学报, 2012, 34(S1): 50-55.

[10] 姜良宝, 陈俊愉. 皖南、赣北地区梅野生资源调查[J]. 北京林业大学学报, 2012, 34(S1): 56-60.

[11] 蔡邦平, 陈俊愉, 张启翔, 郭良栋, 黄耀坚, 王增福. 梅根系丛枝菌根真菌AFLP分析[J]. 北京林业大学学报, 2012, 34(S1): 82-87.

[12] 王彩云, 陈瑞丹, 杨乃琴, 陈俊愉. 我国古典梅花名园与梅文化研究[J]. 北京林业大学学报, 2012, 34(S1): 143-147.

[13] 杨亚会, 李庆卫, 陈俊愉. 梅学术和产业化研究进展[J]. 北京林业大学学报, 2012, 34(S1): 164-170.

[14] 蔡邦平, 董怡然, 郭良栋, 陈俊愉, 张启翔. 丛枝菌根真菌四个中国新记录种(英文)[J]. 菌物学报, 2012, 31(1): 62-67.

[15] 陈俊愉. 103位院士签名赞同“双国花”(梅花、牡丹): 这一创举对我国评选国花现状说明了什么?[J]. 中国园林, 2011, 27(8): 50-51.

[16] 陈俊愉.“风景园林”的新生: 祝贺被批准为国家一级学科[J]. 中国园林, 2011, 27(5): 9-10.

[17] 陈俊愉. 风景园林的新时代，祝贺“风景园林学”被批准为国家一级学科[J]. 风景园林, 2011(2): 18.

[18] 姜良宝, 陈俊愉.“南梅北移”简介: 业绩与展望[J]. 中国园林, 2011, 27(1): 46-49.

[19] 陈俊愉. 我所知道的丹麦“小美人鱼”[J]. 园林, 2010(12): 8-11.

[20] 周杰, 陈俊愉. 中国菊属一新变种[J]. 植物研究, 2010, 30(6): 649-650.

[21] 陈俊愉. 和《中国园林》共度这25年[J]. 中国园林, 2010, 26(11): 10-11.
[22] 陈俊愉. 本刊顾问陈俊愉院士来信[J]. 农业科技与信息(现代园林), 2010(6): 67.
[23] 李庆卫, 陈俊愉, 张启翔. 梅学术和产业化进展[J]. 北京林业大学学报, 2010, 32(S2): 198-202.
[24] 陈俊愉. 中国梅花蜡梅协会20年[J]. 北京林业大学学报, 2010, 32(S2): 2.
[25] 陈俊愉. 序[J]. 北京林业大学学报, 2010, 32(S2): 7-8.
[26] 陈俊愉. 梅品种国际登录12年: 业绩与展望[J]. 北京林业大学学报, 2010, 32(S2): 1-3.
[27] 李庆卫, 陈俊愉, 张启翔, 李振坚, 李文广. 大庆抗寒梅花品种区域试验初报[J]. 北京林业大学学报, 2010, 32(S2): 77-79.
[28] 房伟民, 郭维明, 陈俊愉, 姜贝贝. 苗龄对切花菊精云花芽分化与品质的影响[J]. 南京农业大学学报, 2010, 33(1): 49-53.
[29] 陈俊愉, 周武忠. 中国名花与城市文化: 陈俊愉院士访谈录[J]. 中国名城, 2010(1): 48-52.
[30] 房伟民, 郭维明, 陈俊愉. 嫁接提高菊花耐高温与抗氧化能力的研究[J]. 园艺学报, 2009, 36(9): 1327-1332.
[31] 周杰, 陈俊愉. 十一份不同地理居群野菊的ISSR分析[J]. 北方园艺, 2009(8): 200-203.
[32] 陈俊愉. 初读英版新书《从中国花园获得的厚礼》[J]. 中国花卉盆景, 2009(8): 2-3.
[33] 周杰, 姜良宝, 陈俊愉, 陈瑞丹. 抗寒棕榈繁殖的研究[J]. 安徽农业科学, 2009, 37(21): 9964-9966, 10261.
[34] 陈俊愉, 陈瑞丹. 中国梅花品种群分类新方案并论种间杂交起源品种群之发展优势[J]. 园艺学报, 2009, 36(5): 693-700.
[35] 李振坚, 陈瑞丹, 李庆卫, 陈俊愉. 生长素和基质对梅花嫩枝扦插生根的影响[J]. 林业科学研究, 2009, 22(1): 120-123.
[36] 蔡邦平, 陈俊愉, 张启翔, 郭良栋. 梅根际丛枝菌根真菌五个中国新记录种(英文)[J]. 菌物学报, 2009, 28(1): 73-78.
[37] 张秦英, 陈俊愉. 我国园林植物研究及景观应用的几个方面[J]. 农业科技与信息(现代园林), 2008(12): 49-51.
[38] 陈俊愉. 园林十谈[J]. 园林, 2008(12): 14-17.
[39] 陈俊愉, 梅村. 梅花，中国花文化的秘境[J]. 园林, 2008(12): 114-115.
[40] 陈俊愉. 在《城市大园林》发行座谈会上的书面发言[J]. 中国园林, 2008(8): 48-49.
[41] 蔡邦平, 陈俊愉, 张启翔, 郭良栋. 梅根际丛枝菌根真菌三个中国新记录种(英文)[J]. 菌物学报, 2008(4): 538-542.
[42] 陈俊愉.《梅文化论丛》读后感[J]. 南京师范大学文学院学报, 2008(2): 68.
[43] 蔡邦平, 陈俊愉, 张启翔, 郭良栋. 中国梅丛枝菌根侵染的调查研究[J]. 园艺学报, 2008(4): 599-602.

[44] 陈俊愉. 继承革新迎清明[J]. 中国花卉园艺, 2008(7): 11.
[45] 陈俊愉, 刘天池. 梅花人生: 以梅为母八十年简记[J]. 园林, 2008(1): 12-16.
[46] 陈俊愉.《中国梅花审美文化研究》序[J]. 南京师范大学文学院学报, 2007(4): 188.
[47] 陈俊愉, 陈瑞丹. 梅品种国际登录(37)[J]. 中国园林, 2007(12): 64-66.
[48] 陈俊愉. 感怀同年, 悼念老友: 与冯国楣兄交往的追忆[J]. 中国花卉园艺, 2007(21): 51-52.
[49] 陈俊愉, 陈瑞丹. 梅品种国际登录(36)[J]. 中国园林, 2007(9): 79-80.
[50] 陈俊愉, 陈瑞丹. 关于梅花*Prunus mume*的品种分类体系[J]. 园艺学报, 2007(4): 1055-1058.
[51] 陈俊愉, 陈瑞丹. 梅品种国际登录(35)[J]. 中国园林, 2007(7): 49-50.
[52] 陈俊愉. 推进中国梅产业化的若干关键问题[J]. 北京林业大学学报, 2007(S1): 1-3.
[53] 张秦英, 陈俊愉, 魏淑秋. 梅花在中国分布北界变化的研究[J]. 北京林业大学学报, 2007(S1): 35-37.
[54] 蔡邦平, 陈俊愉, 张启翔, 郭良栋, 陈瑞丹, 蔡超. 梅花根际土壤栽培三叶草的丛枝菌根侵染研究[J]. 北京林业大学学报, 2007(S1): 38-41.
[55] 李庆卫, 陈俊愉, 张启翔. 河南新郑裴李岗遗址地下发掘炭化果核的研究[J]. 北京林业大学学报, 2007(S1): 59-61.
[56] 李庆卫, 陈俊愉, 张启翔. 梅学术和产业化发展的回顾与展望[J]. 北京林业大学学报, 2007(S1): 121-126.
[57] 朱云岳, 陈俊愉. 梅与菊之异同的比较分析[J]. 北京林业大学学报, 2007(S1): 159-160.
[58] 陈俊愉. 读《美: 香味保健治疗之开发》有感[J]. 北京林业大学学报, 2007(S1): 161-162.
[59] 陈俊愉. 跋[J]. 北京林业大学学报, 2007(S1): 164-165.
[60] 陈俊愉, 陈瑞丹. 梅品种国际登录(34)[J]. 中国园林, 2007(5): 55-56.
[61] 陈俊愉. 世界园林的母亲, 全球花卉的王国[J]. 森林与人类, 2007(5): 6-7.
[62] 陈瑞丹, 陈俊愉, 梅村. 风雪中的美丽: 梅[J]. 森林与人类, 2007(5): 38-47.
[63] 陈俊愉. “北京夏菊”神州盛开[J]. 农业科技与信息(现代园林), 2007(3): 48.
[64] 陈俊愉, 陈瑞丹. 梅品种国际登录(33)[J]. 中国园林, 2007(3): 85-86.
[65] 蔡邦平, 张英, 陈俊愉, 张启翔, 郭良栋. 藏东南野梅根际丛枝菌根真菌三个我国新记录种(英文)[J]. 菌物学报, 2007(1): 36-39.
[66] 张秦英, 陈俊愉, 魏淑秋, 李庆卫. ‘燕杏’梅栽培适生地和引种试验初步分析[J]. 北京林业大学学报, 2007(1): 155-159.
[67] 陈俊愉, 陈瑞丹. 梅品种国际登录(32)[J]. 中国园林, 2006(12): 85-86.

[68] 赵昶灵, 杨清, 陈俊愉. 梅花类黄酮3′-羟化酶基因片段基于基因组DNA的简并PCR法克隆(英文)[J]. 广西植物, 2006(6): 608-616.
[69] 金荷仙, 郑华, 金幼菊, 陈俊愉, 王雁. 杭州满陇桂雨公园4个桂花品种香气组分的研究[J]. 林业科学研究, 2006(5): 612-615.
[70] 陈俊愉, 陈瑞丹. 梅品种国际登录(31)[J]. 中国园林, 2006(10): 82-83.
[71] 陈俊愉, 陈瑞丹. 梅品种国际登录(30)[J]. 中国园林, 2006(8): 83-84.
[72] 陈俊愉, 陈瑞丹. 梅品种国际登录(29)[J]. 中国园林, 2006(6): 79-80.
[73] 陈俊愉, 陈瑞丹. 梅品种国际登录(28)[J]. 中国园林, 2006(4): 92.
[74] 陈俊愉, 陈瑞丹. 梅品种国际登录专页(27)[J]. 中国园林, 2006(3): 76.
[75] 陈俊愉. 关于尽早确定梅花、牡丹为我国国花的倡议书[J]. 中国园林, 2006(3): 77-78.
[76] 陈俊愉. 梅品种国际登录(26)[J]. 中国园林, 2006(2): 84.
[77] 赵昶灵, 郭维明, 陈俊愉. 梅花'南京红须'花色色素花色苷的分离与结构鉴定(英文)[J]. 林业科学, 2006(1): 29-36.
[78] 陈俊愉. 梅品种国际登录(25)[J]. 中国园林, 2006(1): 82.
[79] 赵昶灵, 郭维明, 杨清, 陈俊愉. 梅花'南京红须'F3′H全长基于gDNA的TAIL-PCR法克隆(英文)[J]. 西北植物学报, 2005(12): 2378-2385.
[80] 金荷仙, 陈俊愉, 金幼菊. 南京不同类型梅花品种香气成分的比较研究[J]. 园艺学报, 2005(6): 1139.
[81] 陈俊愉. 梅品种国际登录(24)[J]. 中国园林, 2005(12): 56.
[82] 陈俊愉. 回忆李相符同志[J]. 中国林业教育, 2005(S1): 20-21.
[83] 陈俊愉. 梅品种国际登录(23)[J]. 中国园林, 2005(11): 48.
[84] 陈俊愉. 梅品种国际登录(22)[J]. 中国园林, 2005(10): 68.
[85] 陈俊愉. 梅品种国际登录(21)[J]. 中国园林, 2005(9): 72.
[86] 陈俊愉. 中国菊花过去和今后对世界的贡献[J]. 中国园林, 2005(9): 73-75.
[87] 赵昶灵, 郭维明, 陈俊愉. 梅花'南京红须' '南京红'花色的呈现特征(英文)[J]. 广西植物, 2005(5): 481-488.
[88] 陈俊愉. 梅品种国际登录(20)[J]. 中国园林, 2005(8): 56.
[89] 陈俊愉. 梅品种国际登录(19)[J]. 中国园林, 2005(7): 72.
[90] 陈俊愉. 梅品种国际登录(18)[J]. 中国园林, 2005(6): 64.
[91] 陈俊愉. 梅品种国际登录(17)[J]. 中国园林, 2005(5): 56.
[92] 陈俊愉. 一花开得满庭芳: 居室内外的月季栽培和欣赏[J]. 花木盆景(花卉园艺), 2005(5): 24.
[93] 陈俊愉. 梅品种国际登录(16)[J]. 中国园林, 2005(4): 70.
[94] 陈俊愉. 为何建议以梅花、牡丹为我国"双国花"[J]. 风景园林, 2005(2): 21.

[95] 陈俊愉. 梅品种国际登录[J]. 中国园林, 2005(3): 53-54.
[96] 陈俊愉. 新时代的梅花走向何方?[J]. 花木盆景(花卉园艺), 2005(3): 1.
[97] 陈俊愉. 居室内外梅花香: 浅谈梅花的家庭莳养[J]. 花木盆景(花卉园艺), 2005(3): 24.
[98] 赵昶灵, 郭维明, 陈俊愉. 植物花色形成及其调控机理[J]. 植物学通报, 2005(1): 70-81.
[99] 陈俊愉, 梅村, 杨乃琴. 迎接武汉“二梅”国内外盛会: 全国九届梅花蜡梅展览暨六届国际“二梅”研讨会[J]. 园林, 2005(2): 20.
[100] 陈俊愉. 梅品种国际登录(13)[J]. 中国园林, 2005(1): 47.
[101] 陈俊愉. 呼吁及早选定梅花牡丹做我们的“双国花”[J]. 中国园林, 2005(1): 48-49.
[102] 陈俊愉. 墙内开花也要墙外香[J]. 生命世界, 2005(1): 24-25.
[103] 陈瑞丹, 陈俊愉. 江南到塞外，梅花的北上之旅[J]. 生命世界, 2005(1): 28-35.
[104] 陈俊愉. 古梅新花[J]. 生命世界, 2005(1): 44.
[105] 赵昶灵, 郭维明, 陈俊愉. 梅花“粉皮宫粉”花色色素的花青苷实质和花色的动态变化(英文)[J]. 西北植物学报, 2004(12): 2237-2242.
[106] 陈俊愉. 国际梅品种登录工作六年: 业绩与前景[J]. 北京林业大学学报, 2004(S1): 1-3.
[107] 陈俊愉. 以梅花、牡丹做“双国花”的建议[J]. 北京林业大学学报, 2004(S1): 20-21.
[108] 赵昶灵, 郭维明, 陈俊愉. 梅花基因组DNA提取的方法学研究[J]. 北京林业大学学报, 2004(S1): 31-36.
[109] 李振坚, 陈俊愉. 垂枝梅高位嫁接对提高其抗寒越冬力的影响[J]. 北京林业大学学报, 2004(S1): 39-41.
[110] 张秦英, 陈俊愉, 申作连. 不同激素对‘美人’梅叶片离体培养的影响及其细胞学观察[J]. 北京林业大学学报, 2004(S1): 42-44, 169.
[111] 张秦英, 李振坚, 陈俊愉. 梅花品种抗寒越冬区域试验的初步研究[J]. 北京林业大学学报, 2004(S1): 51-56.
[112] 王彩云, 陈俊愉, JONGSMA Maarten. 菊花及其近缘种的分子进化与系统发育研究[J]. 北京林业大学学报, 2004(S1): 91-96.
[113] 赵昶灵, 郭维明, 陈俊愉. 梅花花色研究进展(英文)[J]. 北京林业大学学报, 2004(S1): 123-127.
[114] 陈俊愉, 张启翔. 梅花: 一种即将走向世界成为全球新秀的中国传统名花[J]. 北京林业大学学报, 2004(S1): 145-146.
[115] 陈俊愉. 跋[J]. 北京林业大学学报, 2004(S1): 170-171.
[116] 李辛晨, 陈俊愉, 蒋侃迅. 北京鹫峰国际梅园规划与建设简介[J]. 中国园林, 2004(12): 40-43.
[117] 陈俊愉. 梅品种国际登录(12)[J]. 中国园林, 2004(12): 52.

[118] 陈俊愉. 以梅花、牡丹做“双国花”的建议[J]. 花木盆景(花卉园艺), 2004(12): 1.
[119] 陈俊愉. 梅品种国际登录(11)[J]. 中国园林, 2004(11): 60.
[120] 陈俊愉. 梅品种国际登录(10)[J]. 中国园林, 2004(10): 69.
[121] 赵昶灵, 郭维明, 陈俊愉. 梅花‘南京红’花色色素花色苷的分子结构(英文)[J]. 云南植物研究, 2004(05): 549-557.
[122] 华海镜, 金荷仙, 陈俊愉. 梅花与绘画[J]. 北京林业大学学报(社会科学版), 2004(3): 17-19.
[123] 陈俊愉. 梅品种国际登录(9)[J]. 中国园林, 2004(9): 51.
[124] 赵昶灵, 郭维明, 陈俊愉. 理化因子导致梅花‘南京红’花色色素的颜色变化(英文)[J]. 广西植物, 2004(5): 471-477.
[125] 陈俊愉. 忆程老(世抚)教诲数事: 自1946年以来的主要启示和感受[J]. 中国园林, 2004(8): 29-30.
[126] 陈俊愉. 梅品种国际登录(7)[J]. 中国园林, 2004(8): 61.
[127] 陈俊愉. 梅品种国际登录(8)[J]. 中国园林, 2004(8): 62.
[128] 陈俊愉. 梅品种国际登录(6)[J]. 中国园林, 2004(7): 67.
[129] 陈俊愉. 不能为了钱把祖宗都忘了[J]. 群言, 2004(7): 37-38.
[130] 陈俊愉. 梅品种国际登录(5)[J]. 中国园林, 2004(5): 46.
[131] 陈俊愉. 梅品种国际登录(4)[J]. 中国园林, 2004(4): 30-31.
[132] 赵昶灵, 郭维明, 陈俊愉. 梅花花色色素种类和含量的初步研究[J]. 北京林业大学学报, 2004(2): 68-73.
[133] 赵昶灵, 陈俊愉, 刘雪兰, 赵兴发, 刘全龙. 理化因素对梅花‘南京红须’花色色素颜色呈现的效应[J]. 南京林业大学学报(自然科学版), 2004(2): 27-32.
[134] 陈俊愉. 梅品种国际登录(3)[J]. 中国园林, 2004(3): 27.
[135] 陈俊愉. 梅品种国际登录(2)[J]. 中国园林, 2004(2): 71.
[136] 陈俊愉. 梅品种国际登录专页(1)[J]. 中国园林, 2004(1): 37.
[137] 陈俊愉. 梅品种国际登录的五年: 写在《中国园林》系统刊登梅国际登录品种彩照专页之前[J]. 中国园林, 2004(1): 50-51.
[138] 陈俊愉. 中国花木与盆景的明天[J]. 花木盆景(花卉园艺), 2004(1): 1.
[139] 赵昶灵, 郭维明, 陈俊愉. 梅花花色之美的美学浅析[J]. 北京林业大学学报(社会科学版), 2003(4): 46-48.
[140] 赵惠恩, 汪小全, 陈俊愉, 洪德元. 基于核糖体DNA的ITS序列和叶绿体trnT-trnL及trnL-trnF基因间区的菊花起源与中国菊属植物分子系统学研究(英文)[J]. 分子植物育种, 2003(Z1): 597-604.
[141] 陈俊愉. 建议用荷花作为北京奥运发奖用花[J]. 中国花卉园艺, 2003(21): 11.

[142] 陈俊愉. 我对评选国花、国树、国鸟的看法[J]. 中国花卉园艺, 2003(17): 14-16.
[143] 赵昶灵, 郭维明, 陈俊愉. 植物花色呈现的生物化学、分子生物学机制及其基因工程改良[J]. 西北植物学报, 2003(6): 1024-1035.
[144] 陈俊愉. 关于国花兼国树国鸟评选的建议[J]. 园林, 2003(6): 29-30, 49.
[145] 陈俊愉, 张启翔, 李振坚, 陈瑞丹. 梅花抗寒品种之选育研究与推广问题[J]. 北京林业大学学报, 2003, 25(S2): 1-5.
[146] 李振坚, 陈俊愉. 基质和激素处理对梅花品种嫩枝扦插的影响[J]. 北京林业大学学报, 2003, 25(S2): 23-26.
[147] 吕英民, 陈俊愉. 梅花垂枝性状遗传研究初报[J]. 北京林业大学学报, 2003, 25(S2): 43-45, 118.
[148] 陈俊愉. 第八届中国梅花蜡梅展览: 昆明(前言)[J]. 北京林业大学学报, 2003, 25(S2): 48.
[149] 金荷仙, 陈俊愉, 金幼菊, 陈秀中. “南京晚粉”梅花香气成分的初步研究[J]. 北京林业大学学报, 2003, 25(S2): 49-51.
[150] 张秦英, 陈俊愉. 梅研究进展[J]. 北京林业大学学报, 2003, 25(S2): 61-66.
[151] 陈俊愉. 跋[J]. 北京林业大学学报, 2003, 25(S2): 115-116.
[152] 陈俊愉. “二梅”迎春光，中华新世界[J]. 园林, 2003(1): 3.
[153] 陈俊愉. 梅花研究六十年[J]. 北京林业大学学报, 2002(Z1): 228-233.
[154] 陈俊愉. 从城市及居民区绿化系到园林学院: 本校高等园林教育的历程[J]. 北京林业大学学报, 2002(Z1): 281-283.
[155] 陈俊愉. 面临挑战和机遇的中国花卉业[J]. 中国工程科学, 2002(10): 17-20, 25.
[156] 陈俊愉. 养花弄草益处多: 关于养花能否“致癌”的剖析之二[J]. 中国花卉园艺, 2002(16): 10.
[157] 陈俊愉. 家庭养花有益身心健康: 关于养花能否“致癌”的剖析之一[J]. 中国花卉园艺, 2002(15): 1.
[158] 陈俊愉. 重提大地园林化和城市园林化: 在《城市大园林论文集》出版座谈会上的发言[J]. 中国园林, 2002(3): 8-11.
[159] 吕英民, 陈俊愉. 园艺植物栽培品种国际登录权威系列介绍(八): 国际登录权威简介[J]. 中国花卉园艺, 2001(24): 20-21.
[160] 陈俊愉. 院士的呼吁: 关于国花……[J]. 园林, 2001(12): 46-47.
[161] 吕英民, 陈俊愉. 园艺植物栽培品种国际登录权威系列介绍(七): 国际登录权威简介[J]. 中国花卉园艺, 2001(23): 24-25.
[162] 吕英民, 陈俊愉. 园艺植物栽培品种国际登录权威系列介绍(六): 国际登录权威简介[J]. 中国花卉园艺, 2001(22): 10-11.
[163] 吕英民, 陈俊愉. 园艺植物栽培品种国际登录权威系列介绍(五): 国际登录权威简介[J].

中国花卉园艺, 2001(21): 16-17.
[164] 陈俊愉.《绿色的梦: 刘秀晨中外景观集影》序[J]. 中国园林, 2001(5): 26.
[165] 吕英民, 陈俊愉. 园艺植物栽培品种国际登录权威系列介绍(四): 国际登录权威简介[J]. 中国花卉园艺, 2001(20): 22-23.
[166] 吕英民, 陈俊愉. 园艺植物栽培品种国际登录权威系列介绍(三): 国际登录权威简介[J]. 中国花卉园艺, 2001(19): 16-17.
[167] 吕英民, 陈俊愉. 园艺植物栽培品种国际登录权威系列介绍(二): 国际登录权威简介[J]. 中国花卉园艺, 2001(18): 20-21.
[168] 陈俊愉, 刘素华. 白花虎眼万年青[J]. 中国花卉盆景, 2001(9): 4.
[169] 吕英民, 陈俊愉. 园艺植物栽培品种国际登录权威系列介绍(一): 国际登录权威简介[J]. 中国花卉园艺, 2001(17): 26-27.
[170] 陈俊愉. 新形势下中国城镇绿化展望: 为实现城镇绿化物种多样性和可持续发展, 应加强树种规划与苗圃建设[J]. 北京林业大学学报, 2001, 23(S2): 140-143.
[171] 赵惠恩, 刘朝辉, 胡东燕, 董保华, 陈俊愉. 北京地区行道树发展的思路与对策[J]. 北京林业大学学报, 2001, 23(S2): 65-67.
[172] 李振坚, 陈俊愉, 吕英民. 木本观赏植物绿枝扦插生根的研究进展[J]. 北京林业大学学报, 2001, 23(S2): 83-85.
[173] 吕英民, 陈俊愉. 关于梅花英文名译法的商榷[J]. 中国花卉园艺, 2001(10): 30-31.
[174] 陈俊愉.《中国果树志・梅卷》读后感[J]. 园艺学报, 2001(1): 56.
[175] 陈俊愉. 提倡多用国产花材[J]. 中国花卉园艺, 2001(8): 2-3.
[176] 陈俊愉. 姊妹花开新世纪，二梅香飘天下春[J]. 中国园林, 2001(1): 71-72.
[177] 陈俊愉, 余树勋, 朱有, 李嘉乐, 刘家麒, 黄晓鸾, 山夫, 朱建宁, 俞孔坚. 关于“移植大树”的笔谈[J]. 中国园林, 2001(1): 90-92.
[178] 陈俊愉. 笑迎“二梅”跨入新时代[J]. 园林, 2001(2): 28-29.
[179] 陈俊愉. 大力宣扬“二梅”花文化, 打开梅花蜡梅走向世界的突破口[J]. 花木盆景(花卉园艺), 2001(2): 5.
[180] 赵惠恩, 陈俊愉. 花发育分子遗传学在花卉育种中应用的前景[J]. 北京林业大学学报, 2001(1): 81-83.
[181] 陈俊愉. 为若干花卉正名[J]. 中国花卉园艺, 2001(2): 4-5.
[182] 陈俊愉. 王冕与其梅花诗画[J]. 北京林业大学学报, 2001, 23(S1): 5-7.
[183] 陈俊愉, 吕英民. 从梅品种国际登录谈中华花卉品种国际登录的意义[J]. 北京林业大学学报, 2001, 23(S1): 30-34.
[184] 陈俊愉.《中国果树志・梅卷》读后感[J]. 北京林业大学学报, 2001, 23(S1): 50.
[185] 吕英民, 陈俊愉. 关于梅花英文名译法的商榷[J]. 北京林业大学学报, 2001, 23(S1): 73-76.

[186] 陈俊愉. 跋[J]. 北京林业大学学报, 2001, 23(S1): 109-110.
[187] 陈俊愉. 贺百期大庆，祝更大辉煌: 祝贺《园林》杂志发刊100期之喜[J]. 园林, 2000(9): 8-9.
[188] 陈俊愉.《西方园林与环境》序[J]. 中国园林, 2000(2): 83.
[189] 陈俊愉. 梅品种国际登录工作启动在《梅品种国际登录年报(1999)》出版新闻发布会上的发言[J]. 中国园林, 2000(1): 25-26.
[190] 陈俊愉. 跨世纪中华花卉业的奋斗目标: 从“世界园林之母”到“全球花卉王国”[J]. 花木盆景(花卉园艺), 2000(1): 5-7.
[191] 赵惠恩, 陈俊愉. 皖豫鄂苏四省野生及半野生菊属种质资源的调查研究[J]. 中国园林, 1999(3): 61-62.
[192] 陈俊愉. 中国梅花品种分类最新修正体系[J]. 北京林业大学学报, 1999(2): 2-7.
[193] 刘青林, 陈俊愉. 花粉蒙导、植物激素和胚培养对梅花种间杂交的作用(英文)[J]. 北京林业大学学报, 1999(2): 55-61.
[194] 刘青林, 陈俊愉. 梅花亲缘关系RAPD研究初报[J]. 北京林业大学学报, 1999(2): 82-86.
[195] 陈龙清, 陈俊愉, 郑用琏, 鲁涤非. 利用RAPD分析蜡梅自然居群的遗传变异[J]. 北京林业大学学报, 1999(2): 87-91.
[196] 刘青林, 陈青华, 陈俊愉. 梅花愈伤组织培养研究初报[J]. 北京林业大学学报, 1999(2): 101-106.
[197] 陈俊愉. 中国梅花品种之种系、类、型分类检索表[J]. 中国园林, 1999(1): 62-63.
[198] 陈龙清, 陈俊愉. 蜡梅属植物的形态、分布、分类及其应用[J]. 中国园林, 1999(1): 74-75.
[199] 陈俊愉. 拥抱“二梅”之春: 迎接中华梅花蜡梅事业的春天[J]. 园林, 1999(2): 10-11.
[200] 戴思兰, 陈俊愉, 李文彬. 菊花起源的RAPD分析[J]. 植物学报, 1998(11): 76-82.
[201] 陈俊愉.《中国花卉品种分类学》序言[J]. 中国园林, 1998(5): 21-22.
[202] 陈俊愉. 国内外花卉科学研究与生产开发的现状与展望[J]. 广东园林, 1998(2): 3-10.
[203] 陈俊愉. 祝贺汪振儒教授九秩华诞前后[J]. 森林与人类, 1998(3): 25.
[204] 陈俊愉. “二元分类”: 中国花卉品种分类新体系[J]. 北京林业大学学报, 1998(2): 5-9.
[205] 赵世伟, 程金水, 陈俊愉. 金花茶和山茶花的种间杂种[J]. 北京林业大学学报, 1998(2): 48-51.
[206] 陈龙清, 陈俊愉, 包满珠. 论居群观念与花卉分类的关系[J]. 北京林业大学学报, 1998(2): 76-82.
[207] 刘青林, 陈俊愉. 观赏植物花器官主要观赏性状的遗传与改良: 文献综述[J]. 园艺学报, 1998(1): 82-87.

[208] 陈俊愉. 莫到凋时再惜花[J]. 河南林业, 1997(2): 20.
[209] 刘青林, 陈俊愉. 世界梅花研究概况[J]. 花木盆景(花卉园艺), 1997(2): 8-10.
[210] 陈俊愉. “二梅”文化与“二梅”开发小议: 为祝贺全国第五届梅花蜡梅展览而作[J]. 花木盆景(花卉园艺), 1997(2): 11.
[211] 戴思兰, 陈俊愉. 中国菊属一些种的分支分类学研究[J]. 武汉植物学研究, 1997(1): 27-34.
[212] 陈俊愉. 从中国选育出更多月季新品来[J]. 花木盆景(花卉园艺), 1997(1): 10-11.
[213] 戴思兰, 陈俊愉. 菊属7个种的人工种间杂交试验[J]. 北京林业大学学报, 1996(4): 16-22.
[214] 戴思兰, 陈俊愉, 高荣孚, 马江生, 李文彬. DNA提纯方法对9种菊属植物RAPD的影响[J]. 园艺学报, 1996(2): 169-174.
[215] 戴思兰, 陈俊愉, 李文彬. 菊属植物RAPD反应体系的建立[J]. 北京林业大学学报, 1996(1): 47-52.
[216] 陈俊愉, 王四清, 王香春. 花卉育种中的几个关键环节[J]. 园艺学报, 1995(4): 372-376.
[217] 陈俊愉. 中国梅花研究的几个方面[J]. 北京林业大学学报, 1995, 17(S1): 1-7.
[218] 毛汉书, 陈俊愉, 王忠芝. 中国梅花品种的数量分支分析研究[J]. 北京林业大学学报, 1995, 17(S1): 31-36.
[219] 陈俊愉, 张启翔, 刘晚霞, 胡永红. 梅花抗寒育种及区域试验的研究[J]. 北京林业大学学报, 1995, 17(S1): 42-45.
[220] 刘青林, 陈俊愉. 梅的研究进展[J]. 北京林业大学学报, 1995, 17(S1): 88-95.
[221] 胡永红, 张启翔, 陈俊愉. 真梅与杏梅杂交的研究[J]. 北京林业大学学报, 1995, 17(S1): 149-151.
[222] 陈俊愉. 后记[J]. 北京林业大学学报, 1995, 17(S1): 185.
[223] 陈俊愉. 《中国盆栽和盆景艺术》读后感[J]. 花木盆景(花卉园艺), 1995(2): 24,49.
[224] 包满珠, 陈俊愉. 梅及其近缘种数量分类初探[J]. 园艺学报, 1995(1): 67-72.
[225] 陈俊愉. 我国国花评选前后[J]. 群言, 1995(2): 16-18.
[226] 刘青林, 陈俊愉. 发展有中国特色的花卉业[J]. 花木盆景(花卉园艺), 1995(1): 40-41.
[227] 程金水, 陈俊愉, 赵世伟, 黄连东. 金花茶杂交育种研究[J]. 北京林业大学学报, 1994(4): 55-59.
[228] 陈俊愉. 向爱兰人士推荐兰花新著: 《中国兰花》[J]. 园艺学报, 1994(4): 376.
[229] 包满珠, 陈俊愉. 中国梅的变异与分布研究[J]. 园艺学报, 1994(1): 81-86.
[230] 包满珠, 陈俊愉. 梅野生种与栽培品种的同工酶研究[J]. 园艺学报, 1993(4): 375-378.
[231] 王四清, 陈俊愉. 菊花和几种其他菊科植物花粉的试管萌发[J]. 北京林业大学学报, 1993(4): 56-60.

[232] 马燕, 陈俊愉. 中国古老月季品种'秋水芙蓉'在月季抗性育种中的应用[J]. 河北林学院学报, 1993(3): 204-210.

[233] 马燕, 毛汉书, 陈俊愉. 部分月季花品种的数量分类研究[J]. 西北植物学报, 1993(3): 225-231.

[234] 马燕, 陈俊愉. 培育刺玫月季新品种的初步研究(Ⅵ): 加速育种周期法的初探[J]. 北京林业大学学报, 1993(2): 129-133.

[235] 马燕, 陈俊愉, 毛汉书. 利用模糊综合评判模型评判月季抗性品种[J]. 西北林学院学报, 1993(1): 50-55.

[236] 马燕, 陈俊愉. 中国蔷薇属6个种的染色体研究[J]. 广西植物, 1992(4): 333-336.

[237] 陈俊愉. 后记[J]. 北京林业大学学报, 1992(S4): 146.

[238] 陈俊愉, 包满珠. 中国梅(*Prunus mume* Sieb. et Zucc.)变种(变型)与品种的分类学研究[J]. 北京林业大学学报, 1992(S4): 1-6.

[239] 毛汉书, 陈俊愉, 王忠芝, 马燕. 中国梅花品种分类管理信息系统[J]. 北京林业大学学报, 1992(S4): 23-33.

[240] 张启翔, 刘晚霞, 陈俊愉. 梅花及其种间杂种深度过冷与冻害关系的研究[J]. 北京林业大学学报, 1992(S4): 34-41.

[241] 包满珠, 陈俊愉. 不同类型梅的花粉形态及其与桃、李、杏的比较研究[J]. 北京林业大学学报, 1992(S4): 70-73, 144.

[242] 包满珠, 陈俊愉. 梅的研究现状及前景展望[J]. 北京林业大学学报, 1992(S4): 74-82.

[243] 陈俊愉. 盼望国花能早日确定[J]. 植物杂志, 1992(6): 3-4.

[244] 陈俊愉. 关于我国的市花评选: 回顾十年成就与问题[J]. 植物杂志, 1992(6): 8-9.

[245] 马燕, 陈俊愉. 培育刺玫月季新品种的初步研究(Ⅴ): 部分亲本与杂种抗黑斑病能力的研究[J]. 北京林业大学学报, 1992(3): 80-84.

[246] 黄秀强, 陈俊愉, 黄国振. 莲属两个种亲缘关系的初步研究[J]. 园艺学报, 1992(2): 164-170.

[247] 陈俊愉, 包满珠. 中国梅(*Prunus mume*)的植物学分类与园艺学分类[J]. 浙江林学院学报, 1992(2): 12-25.

[248] 陈俊愉. 图文并茂的力作: 评《仙人掌类及多肉植物》[J]. 中国花卉盆景, 1992(5): 28.

[249] 王月新, 陈俊愉. 几种园艺植物在京津阳台绿化上的应用[J]. 园艺学报, 1992(1): 87-88.

[250] 马燕, 陈俊愉. 部分现代月季品种的细胞学研究[J]. 河北林学院学报, 1992(1): 12-18, 93-95.

[251] 马燕, 陈俊愉. 培育刺玫月季新品种的初步研究(Ⅳ): 若干亲本与杂交种的抗寒性研究[J]. 北京林业大学学报, 1992(1): 60-65.

[252] 马燕, 陈俊愉. 几种蔷薇属植物抗寒性指标的测定[J]. 园艺学报, 1991(4): 351-356.

[253] 马燕, 陈俊愉. 培育刺玫月季新品种的初步研究(Ⅲ): 部分亲本及杂交种的花粉形态分析[J]. 北京林业大学学报, 1991(3): 12-14, 105-106.
[254] 马燕, 陈俊愉. 一些蔷薇属植物的花粉形态研究[J]. 植物研究, 1991(3): 69-73, 75-76.
[255] 马燕, 陈俊愉. 蔷薇属若干花卉的染色体观察[J]. 福建林学院学报, 1991(2): 215-218.
[256] 包志毅, 陈俊愉. 金花茶砧穗组合的初步研究[J]. 园艺学报, 1991(2): 169-172.
[257] 马燕, 陈俊愉. 培育刺玫月季新品种的初步研究(Ⅱ): 刺玫月季育种中的染色体观察[J]. 北京林业大学学报, 1991(1): 52-57, 115-116.
[258] 陈俊愉. 评《最新英汉园艺词汇》[J]. 园艺学报, 1990(4): 248-308.
[259] 陈俊愉, 陈耀华. 关于梅花品种形成趋向的探讨[J]. 中国园林, 1990(4): 14-16.
[260] 王彭伟, 陈俊愉. 地被菊新品种选育研究[J]. 园艺学报, 1990(3): 223-228.
[261] 马燕, 陈俊愉. 培育刺玫月季新品种的初步研究(Ⅰ): 月季远缘杂交不亲和性与不育性的探讨[J]. 北京林业大学学报, 1990(3): 18-25, 125.
[262] 马燕, 陈俊愉. 我国西北的蔷薇属种质资源[J]. 中国园林, 1990(1): 50-51.
[263] 陈俊愉. 喜见“二梅”报春早: 中国梅花、蜡梅协会成立简记[J]. 植物杂志, 1989(3): 45.
[264] 陈俊愉. 菊苍应用的新天地: 北京“地被菊”上街的联想[J]. 中国花卉盆景, 1988(10): 6-7.
[265] 陈俊愉. 金花茶育种十四年[J]. 北京林业大学学报, 1987(3): 315-320.
[266] 陈俊愉, 汪小兰. 金花茶新变种: 防城金花茶[J]. 北京林业大学学报, 1987(2): 154-157.
[267] 陈俊愉. 中国梅花品种分类修正新系统的原理与方案[J]. 武汉城市建设学院学报, 1987(1): 27-32.
[268] 陈俊愉, 邓朝佐. 用百分制评选三种金花茶优株试验[J]. 北京林业大学学报, 1986(3): 35-43.
[269] 陈俊愉. 月季花史话[J]. 世界农业, 1986(8): 51-53.
[270] 陈俊愉. 中国梅花的野生类型及其分布[J]. 武汉城市建设学院学报, 1986(2): 1-6.
[271] 陈俊愉. 二十一世纪的中国城市、绿地与市民[J]. 中国园林, 1985(4): 52-53.
[272] 陈俊愉. 梅花史话[J]. 世界农业, 1985(11): 50-53, 57.
[273] 陈俊愉. 艺菊史话[J]. 世界农业, 1985(10): 50-52.
[274] 陈俊愉. 植物激素在花卉中的应用[J]. 中国园林, 1985(2): 36-39.
[275] 陈俊愉. 访美国落矶山国家公园[J]. 世界农业, 1985(5): 40-41.
[276] 陈俊愉. 三十五年来观赏园艺科研的主要成就[J]. 园艺学报, 1984(3): 157-159.
[277] 陈俊愉. 波兰园林掠影[J]. 广东园林, 1984(1): 1-8.
[278] 李懋学, 张敩方, 陈俊愉. 我国某些野生和栽培菊花的细胞学研究[J]. 园艺学报, 1983(3): 199-206, 219-222.

[279] 陈俊愉. 要重视发掘利用古树资源[J]. 植物杂志, 1983(1): 43.
[280] 陈俊愉. 我国的省花和市花[J]. 植物杂志, 1982(6): 29.
[281] 陈俊愉. 美国园林和园林工作的特点[J]. 北京林学院学报, 1982(2): 35-42.
[282] 陈俊愉, 张秀英, 周道瑛, 阮接芝, 胡年治, 艾玉莲, 锁仁和, 孙德华, 陈丽娜, 马国栋, 张峰, 庄珍, 党依群. 西安城市及郊野绿化树种的调查研究[J]. 北京林学院学报, 1982(2): 93-128.
[283] 陈俊愉, 杨乃琴. 试论我国风景区的分类和建设原则[J]. 自然资源研究, 1982(2): 2-9.
[284] 陈俊愉. 我国国花应是梅花[J]. 植物杂志, 1982(1): 31-32.
[285] 陈俊愉. 中国梅花品种分类新系统[J]. 北京林学院学报, 1981(2): 48-62.
[286] 陈俊愉. 哈尔滨市园林绿化树种初步调查分析以及对树种选择的建议[J]. 自然资源研究, 1981(2): 30-34.
[287] 陈俊愉. 中国园艺学会代表团参加美国园艺学会第七十七届年会[J]. 园艺学报, 1981(1): 26.
[288] 陈俊愉. 关于我国花卉种质资源问题[J]. 园艺学报, 1980(3): 57-67.
[289] 陈俊愉. 关于城市园林树种的调查和规划问题[J]. 园艺学报, 1979(1): 49-63.
[290] 陈俊愉, 苏雪痕. 园林树木快速育苗的原理和方法[J]. 园艺学报, 1966(2): 81-88.
[291] 陈俊愉, 张春静. 乌桕的习性及其引种驯化[J]. 生物学通报, 1966(3): 9-14.
[292] 陈俊愉. 北京市园林绿化学会召开菊花学术讨论会[J]. 园艺学报, 1965(1): 60.
[293] 陈俊愉. 北京市园林绿化学会成立[J]. 园艺学报, 1964(4): 402.
[294] 陈俊愉. 评《华北习见观赏植物》第二集[J]. 园艺学报, 1963(4): 394.
[295] 陈俊愉, 张春静, 张洁, 俞玖. 中国梅花的研究Ⅲ: 梅花引种驯化试验[J]. 园艺学报, 1963(4): 395-410, 449-450.
[296] 陈俊愉. 中国梅花的研究Ⅱ: 中国梅花的品种分类[J]. 园艺学报, 1962(Z1): 337-350, 380-381.
[297] 陈俊愉. 中国梅花的研究Ⅰ: 梅之原产地与梅花栽培历史[J]. 园艺学报, 1962(1): 69-78, 99-102.
[298] 章恢志, 陈俊愉, 王家恩. 鄂东柑橘冻害调查报告[J]. 华中农学院学报, 1956(1): 71-83.
[299] 陈俊愉, 陈吉笙. 百分制记分评选法: 拟定并掌握柑橘株选标准的一个新途径[J]. 华中农学院学报, 1956(1): 84-99.

附图 1 陈俊愉部分著作 1

附图 2　陈俊愉部分著作 2

附录三　陈俊愉主要成果

获奖时间	项目名称	奖励名称
1990 年	金花茶基因库建立和繁殖技术研究	国家科学技术进步奖二等奖
1990 年	金花茶基因库建立和繁殖技术研究	林业部科学技术进步奖一等奖
1990 年	《中国梅花品种图志》	国家科学技术进步奖三等奖
1991 年	《中国梅花品种的研究——［中国梅花品种图志］》	林业部科学技术进步奖一等奖
1991 年	《中国花经》	建设部科学技术进步奖二等奖
1992 年	地被菊新品种选育及栽植的研究	北京市科学技术进步奖二等奖
1992 年	《中国梅花品种图志》	第六届全国优秀科技图书奖
1994 年	金花茶等珍稀濒危花卉种质资源之保护与利用	中华绿色科技银奖
1995 年	《中国农业百科全书·观赏园艺卷》	第七届全国优秀科技图书奖
1997 年	地被菊杂交育种与区域试验的研究	林业部科学技术进步奖二等奖
2013 年	《中国梅花品种图志》（中英双语版）	第三届中国出版政府奖（提名奖）

亲爱的陈院士：

亲爱的读者：

本书在编写过程中搜集和整理了大量的图文资料，但难免仓促和疏漏，如果您手中有院士的图片、视频、信件、证书，或者想补充的资料，抑或是想对院士说的话，请扫描二维码进入留言板上传资料，我们会对您提供的宝贵资料予以审核和整理，以便对本书进行修订。不胜感谢！

留言板

来信请寄：北京市西城区刘海胡同7号中国林业出版社316室　100009